Seeing Things as They Are
A Theory of Perception

当 代 世 界 学 术 名 著

观物如实
一种知觉理论

[美] 约翰·R.塞尔(John R. Searle) ／著

张浩军／译

中国人民大学出版社
·北京·

"当代世界学术名著"
出版说明

中华民族历来有海纳百川的宽阔胸怀，她在创造灿烂文明的同时，不断吸纳整个人类文明的精华，滋养、壮大和发展自己。当前，全球化使得人类文明之间的相互交流和影响进一步加强，互动效应更为明显。以世界眼光和开放的视野，引介世界各国的优秀哲学社会科学的前沿成果，服务于我国的社会主义现代化建设，服务于我国的科教兴国战略，是新中国出版工作的优良传统，也是中国当代出版工作者的重要使命。

中国人民大学出版社历来注重对国外哲学社会科学成果的译介工作，所出版的"经济科学译丛""工商管理经典译丛"等系列译丛受到社会广泛欢迎。这些译丛侧重于西方经典性教材；同时，我们又推出了这套"当代世界学术名著"系列，旨在迻译国外当代学术名著。所谓"当代"，一般指近几十年发表的著作；所谓"名著"，是指这些著作在该领域产生巨大影响并被各类文献反复引用，成为研究者的必读著作。我们希望经过不断的筛选和积累，使这套丛书成为当代的"汉译世界学术名著丛书"，成为读书人的精神殿堂。

由于本套丛书所选著作距今时日较短，未经历史的充分淘洗，加之判断标准见仁见智，以及选择视野的局限，这项工作肯定难以尽如人意。我们期待着海内外学界积极参与推荐，并对我们的工作提出宝贵的意见和建议。我们深信，经过学界同仁和出版者的共同努力，这套丛书必将日臻完善。

中国人民大学出版社

译者前言*

　　本书出版于 2015 年，是塞尔退休前的最后一部著作。彼时，译者正在德国科隆大学胡塞尔档案馆做访问学者。本书甫一问世，便引起了译者的注意。当然首先是因为作者，其次是因为书名。译者的"主业"是现象学，但对心灵哲学亦保有浓厚兴趣。由于现象学与塞尔的心灵哲学在意识、意向性、知觉等问题的论述上既有相同或相似的地方，亦有差异甚至根本对立之处，因此，为了在两种理论的比较和"互鉴"中深化对这些问题的理解，译者时常阅读塞尔的著作，关注其思想发展。本书的书名很有特点，*Seeing Things as They Are：A Theory of Perception*，乍一看，颇有现象学的味道，很容易让人联想起胡塞尔的口号："Zu den Sachen selbst（回到事物本身）!"，或者海德格尔对现象学的定义："让人从显现的东西本身那里如它从其本身所显现的那样来看它"。虽然塞尔在本书中也使用了"现象学"这个概念，但他明确说自己不是在作为一种哲学运动的意义上，而完

　　* 本译者前言部分以《塞尔论坏论证》为名发表于《学术研究》2020 年第 10 期（第 23—31 页）。本书脚注均为译者注，以下不一一列出。——译者注

全是在心灵哲学的意义上使用这个概念的（14）①。不过，就塞尔在书中对知觉、意向性和直接实在论的论述来看，他的观点确实和哲学运动意义上的现象学有一定的契合之处：我们能够直接知觉到事物本身；在我们的意识和对象之间不需要感觉予料（sense data）作为中介；我们的意识可以"如实地""如其所是地"描述或表象实在；当我说"我看见了某物"时，在"看见"一词的好的意义上，我看见的就是实在，就是事物本身。正是基于这样的理解，译者将书名译为《观物如实：一种知觉理论》。

本书的写作，体现了塞尔一贯的风格。从论题上来说，与以往的著作多有重复，如意识、意向性、知觉、感觉予料、直接实在论、无意识，这些从塞尔的第一本心灵哲学著作《意向性》开始就提出和讨论的主题在本书中仍有不少论述。从叙事和说理的手法上来说，也充满了"分析"的味道，抽丝剥茧，层层深入，鞭辟入里。当然，本书最吸引我的，还是他对坏论证的分析和批判，这也是本书的重点和新颖之处。为了便于读者把握本书的主旨，译者不揣浅陋，仅就塞尔关于坏论证的分析做一个简要概述。其中若有误解、误导之处，敬请方家批评指正。

一、为什么要研究知觉？

在本书导言的开头，塞尔就明确宣称，这是一本讨论知觉的书，核心是视觉，而且可以说是"对视觉体验进行专门研究的一个总结"（3）。塞尔为什么要写这样一本专门讨论知觉的书呢？因为在他看来，知觉体验与实在世界之间的关系是认识论的核心问题，甚至可以说是自笛卡尔之后三百年来西方哲学的主要关注点，而视觉则是对实在世界进行体验的最重要的方式。不过，在塞尔看来，自笛卡尔以来的认识论哲学对知觉体验与实在世界的关系问题所给出的回答虽然表面上看来各有不同，但在本质上却犯了相同的错误，即它们都支持

---

① 以下凡引本书，我将直接在括号中给出英文原本的页码，也即中译本的边码。其他引用则采用注释形式。

和论证了一种坏的理论：感觉予料理论（theory of sense data）。而他写作本书的目的，一方面是想清除这些错误，另一方面是想对知觉体验与实在世界之间的关系提供一种更为充分的解释，也即知觉意向性理论（4）。

关于知觉，塞尔在他已出版的几乎所有重要著作中，都或多或少地有所论及。而且，就塞尔的主要研究兴趣和工作范围来说，谈论知觉是不可避免的，因为它与心灵、意识、意向性、直接/素朴/外部实在论等论题紧密相关。从译者所见塞尔的著作中，早在1983年出版的《意向性》一书中就有对知觉问题的讨论。该书第二章"知觉的意向性"以视觉体验为核心着重论述了知觉意向性、知觉意向性与直接实在论的关系、知觉意向性与其他意向性类型的关系、呈现（presentation）与表象（representation）的关系，等等。可以说《意向性》中对知觉问题的论述奠定了他后来所有知觉理论的基础。此后是2005年出版的《心灵导论》①。该书第十章专以"知觉"为名，讨论了感觉予料理论，并通过对这一理论的批判，为其直接实在论做了辩护。不过这一章很短，只有18页的篇幅②。又过了十年以后，也就是在2015年出版的本书中，塞尔才首次系统论述了知觉问题，把他早期零零散散关于知觉的思考和论述整合在了一起。

与在《意向性》中对于知觉和体验的区分一致，塞尔在本书中用知觉来描述真实的体验，在他看来，"如果世界就是它在我的知觉体验中显现的那个样子，那么知觉就被认为是真实的"（15）。塞尔特别强调，有意识的知觉体验具有呈现的意向性（presentational intentionality）。所谓呈现的意向性，知觉体验是由实在世界中的对象或事态所引起的（因果指向是世界向心灵），它是对实在世界中的对象或事态的直接呈现（适应指向是心灵向世界），而呈现的意向内容以实

---

① John R. Searle, *Mind：A Brief Introduction*. Oxford University Press, 2005. 中译本参见：约翰·R. 塞尔. 心灵导论. 修订译本. 徐英瑾，译. 上海：上海人民出版社，2019。

② John R. Searle, *Mind：A Brief Introduction*. Oxford University Press, 2005：259-277.

在世界中的对象或事态作为其满足条件。知觉体验不像看电视或照镜子，被我们体验到的对象或事态也不是电视里的画面或镜子中的镜像。本体论上主观的知觉体验是对本体论上客观的世界（中的对象或事态）的直接把握、直接呈现，它无须任何中介，亦无须以其他任何东西为基础。由此，塞尔认为知觉的呈现意向性可以证立其直接实在论。

在对知觉与实在世界之关系的理解上，塞尔认为自近代以来的认识论哲学纷纷陷入了"坏论证"的泥淖。坏论证的结论与直接实在论的观点正相反对。

二、何为坏论证？

本书中，塞尔对知觉的分析，是以对"坏论证"进行批评的方式展开的。既然有"坏论证"，那言下之意也应该有"好论证"。那么，什么是好论证，什么又是坏论证呢？

所谓好论证，我们可以直接知觉到实在世界中的对象和事态，而无须任何中介。从这个意义来说，塞尔本人所倡导的"直接实在论"（Direct Realism）或"素朴实在论"（Naïve Realism）、现象学所倡导的"回到事物本身"的直观原则便是理所当然的好论证了，尽管塞尔既没有这样标榜自己，也没有把胡塞尔意义上的现象学纳入他的思考之中。

所谓"坏论证"，有双重含义，它不仅指一种论证的类型，也指一种论证的结论。从类型上来说，"坏论证"是指"任何试图将知觉体验看作一个现实的或可能的体验对象的论证"（29）；从结论上来说，"坏论证"认为"我们从来都无法直接看到物质对象"（29）。塞尔指出，之所以要强调坏论证把知觉体验或者看作一个现实的体验对象，或者看作一个可能的体验对象，是因为接受了坏论证的析取主义者反对第一个前提。他们认为，一个感觉予料就是一个可能的体验对象，但在真实的知觉中，它并非现实的体验对象（29）。

塞尔认为，坏论证无处不在，它是自17世纪以来哲学中最大的误解之一。这一误解造成了两大主要后果：（1）它既影响了从笛卡尔到康德的经典哲学家，甚至也影响了许多当代的哲学家；（2）它极大地影响了认识论的进程（99）。依照塞尔的分析，坏论证在笛卡尔、洛克、贝克莱、莱布尼茨、斯宾诺莎、休谟、康德、黑格尔和密尔等近现代哲学家那里，在艾耶尔（A. J. Ayer）、亚历克斯·伯恩（Alex Byrne）、海瑟·罗格（Heather Logue）、霍华德·罗宾森（Howard Robinson）、约翰·坎贝尔（John Campbell）与迈克尔·马丁（Michael Martin）等当代哲学家那里，均有不同程度的体现。尽管他们的论证版本不一，但本质上都接受了坏论证的结论，因而也都否定了直接实在论。在塞尔看来，正是由于对直接实在论的否定，在哲学上造成了一个灾难性的后果：整个认识论传统被建立在了一个错误的前提上，即，我们从来都无法直接知觉实在世界（29）。

三、坏论证是如何反驳直接实在论的？

塞尔认为，反驳直接实在论的坏论证主要有两个，一是科学论证（Argument from Science），二是幻觉论证（Argument from Illusion）①。在《心灵导论》的第十章"知觉"中，塞尔给出了这两种类型的论证。在本书中，塞尔更加详细地分析和反驳了这两种论证。

1. 科学论证

科学论证是从神经生物学的角度给出的论证。以视觉为例，其基本思路是：（1）世界中的对象所反射出的光子刺激视网膜中的光感受细胞，从而引发了一系列神经生物学过程；（2）这些过程最后终结于大脑皮层，形成了视觉印象；（3）我们根本看不到实在世界，而只能看到一系列事件（视觉印象），这些事件（视觉印象）是实在世界对我们的神经系统施加影响的结果（22）。科学论证认为，虽然我们可以用日常语言谈论世界中的对象和事态，但一旦要对它们给出科学分析时，我们就不得不返回"表象实在论"（Representative Realism）。

---

① 徐英瑾在《心灵导论》的中译本中将这两种论证分别翻译为"从科学角度给出的论证"和"从幻觉角度给出的论证"。译者同意这种译法，但为了方便说明，译者简化为"科学论证"和"幻觉论证"。

"表象实在论"表明，我们所能看见的一切都只是视觉图像或感觉予料，而非实在对象本身。

塞尔认为，在对知觉问题的日常讨论中，最可能说服人们的论证就是科学论证，而在哲学家这里，最有影响的论证则是幻觉论证①。鉴于此，译者认为有必要详细讨论一下幻觉论证。

2. 幻觉论证

幻觉论证以知觉与幻觉的区分为前提。塞尔把知觉称为"真实的情况"（veridical case）或"好的情况"（good case），与之相反，幻觉则是"虚假的情况"（falsidical case）或"坏的情况"（bad case）。然而，塞尔明确声称，他会尽量避免使用"虚假的""这个更糟糕的词"（15）。至于"虚假的"（falsidical）这个词为什么是"更糟糕的"，比谁糟糕，塞尔没有明言，不过从上下文来看，那个不那么糟糕的词，应该指的是"感觉予料"。

幻觉论证的基本内容是这样的：假定我吃了一块大麻蛋糕，从而产生了一个幻觉，我看见面前有一头粉色的猪正扭着屁股冲我笑，而且听见它正在叫我的名字。我想抓住它，可怎么也抓不住。我分明看见了它，也听见了它的声音，但当我靠近它时，它就突然消失了，过了一会儿之后，它又出现在了我的面前，扭着屁股冲我笑，还在叫我的名字。在这种情况下，我并没有看见一头真实的猪，但我也不是体验到了虚无，我确实体验到了、意识到了、觉知到了什么东西。这个东西是什么呢？在笛卡尔、洛克和贝克莱的著作中，它被叫作"观念"；在休谟那里，它被叫作"印象"；在20世纪哲学中，它被叫作"感觉予料"（21）。由于处在幻觉中的我既不能区分这种体验是幻觉还是真实的知觉，也不能区分所体验到的"对象"是虚幻的还是真实的，所以我们必须对二者给出相同的分析。而且，不仅在幻觉中我没有看到猪本身，即便在真实的情况下，亦即在真正的知觉中，我也并未看到猪本身，而只是

---

① 约翰·R. 塞尔. 心灵导论. 修订译本. 徐英瑾，译. 上海：上海人民出版社，2019：259.

看到了猪的感觉予料（对此，贝克莱、休谟、康德、艾耶尔都有"精彩"论证）。由此，我们应该说，不论是在知觉（好的情况）下，还是在幻觉（坏的情况）下，我们都没有看到一个本体论上客观的实在对象，我们看到的仅仅是本体论上主观的感觉予料。因此，结论就是：你根本看不到实在世界中的对象或其他本体论上客观的现象，至少不是直接地看到，你只能看到感觉予料（21）。因此，直接实在论是错的。

然而，正如塞尔所问的那样，如果你接受了幻觉论证的结论，那么留给认识论的问题就是：你看到的感觉予料和你实际上没有看到的物质对象之间是什么关系？在塞尔看来，对此问题的不同回答决定了近代认识论的不同面相（21）。

在哲学中，关于幻觉论证的经典例子有很多，例如弯曲的棍子（the bent stick）、椭圆的硬币（the elliptical coin）、重影（double vision）、麦克白的匕首（Macbeth's dagger）、沙漠绿洲、海市蜃楼等。塞尔在本书中对这些例子都做了详细分析。通过对这些例子的分析，他刻画了幻觉论证的基本结构（22-23）①：

第一步：不论是在真实的（好的）情况下，还是在幻觉的（坏的）情况下，都有一个共同的要素——在视觉系统中进行的定性的主观体验。

第二步：由于在两种情况下，共同的要素在质上是同一的，所以不论我们对其中一种情况给出怎样的分析，我们都必须对另一种情况给出同样的分析。

第三步：不论是在真实的情况下，还是在幻觉的情况下，我们都觉知到了什么（意识到了什么，看到了什么）。

第四步：但在幻觉的情况下，这个什么不可能是物质对象，因此，它必定是一个主观的心理之物。用一个词来说，它就是

---

① 在《心灵导论》中，塞尔也有对这一论证结构的类似的刻画，参见约翰·R.塞尔. 心灵导论. 修订译本. 徐英瑾，译. 上海：上海人民出版社，2019：263。

"感觉予料"。

第五步：但是根据第二步，我们必须对两种情况做出相同的分析。因此，在真实的情况下，正如在幻觉的情况下一样，我们只看到了感觉予料。

第六步：由于不论在幻觉中，还是在真实的知觉中，我们都只看到了感觉予料，因此，我们必须得出结论说，我们根本看不到物质对象或其他本体论上客观的现象。所以，直接实在论遭到了驳斥。

在塞尔看来，如果我们接受了幻觉论证的结论，即，"我们根本看不到物质对象或其他本体论上客观的现象"，我们所能通达的唯一实在就是我们自己的私人体验，那么，我们就无法解决怀疑论的问题：我们如何能够通过知觉认识实在世界？——"因为我们的知觉只能通达私人的主观体验，本体论上主观的体验与本体论上客观的实在世界之间有一条不可逾越的鸿沟"（23）。

四、直接实在论是如何反驳坏论证的？

关于科学论证和幻觉论证，塞尔在较早出版的《心灵、语言和社会》（1998）、《心灵导论》（2005）中都有论及，论证的版本与本书类似，但塞尔对它们的反驳略有不同。在《心灵、语言和社会》与《心灵导论》这两本书中，塞尔对科学论证的反驳是以"发生学谬误"（genetic fallacy）为基础的；而在本书中，塞尔对科学论证的反驳则是以"歧义谬误"（fallacy of ambiguity）为基础的。在《心灵、语言和社会》中，塞尔对幻觉论证的反驳是以否定其第一个前提为基础的，即认为"在我的视觉体验之定性特征中存在着对真实的知觉和非真实的知觉体验的区别"这个前提是错误的[①]；而在《心灵导论》和本书中，塞尔对幻觉论证的反驳则都是以"歧义谬误"为基础的。也

---

① 约翰·R. 塞尔. 心灵、语言和社会. 李步楼，译. 上海：上海译文出版社，2006：20，32.

就是说，塞尔对科学论证的反驳有两种，一是基于发生学谬误的反驳，一是基于歧义谬误的反驳①。关于歧义谬误，塞尔会在对幻觉论证的反驳中进行详细分析，所以译者不拟在其对科学论证的反驳中赘述。译者想简要介绍一下塞尔在《心灵、语言和社会》与《心灵导论》中给出的基于"发生学谬误"的反驳。下面我们就来看一下塞尔的论证。

1. 对科学论证的反驳

在《心灵导论》中，塞尔说，科学论证有一个预设，这个预设就是：当我们在描述世界中的对象是如何引起我们的知觉体验时，我们所讨论的是实在世界中的真实知觉，也就是说，我们与世界有直接的接触，知觉是我们通向外部世界的通道。但这个论证的结论却是：我们所能意识到的真实对象仅仅是在我们的头脑中产生的知觉体验，我们并没有可以通达外部世界的通道，因此，对外部世界的知觉是不可能的。显然，论证的出发点与其结论是错位的或者说是不融贯的。因此，塞尔认为，科学论证并没有驳倒直接实在论，而是陷入了"发生学谬误"。

发生学谬误是说："倘若我们能够对我们如何看到世界这一点作出因果性的说明，那么我就能够由此得出'我们没有看到实在世界'的结论。"② 这种谬误的特征是："在假设我们能够对一个信念的发生作出因果性说明的情况下（此种说明解释了该信念是如何被获取的），便认为此种说明展示了该信念本身是错误的。"③ 塞尔认为，这种论证是完全错误的，因为从我能够对我怎样看到实在世界的过程给出因果说明这个事实中得不出我没有看到实在世界的结论④。例如，我能

---

① 塞尔甚至有一个更强的观点，他认为哲学史上所有反驳直接实在论的论证都基于同样的谬误：在坏论证中展现的歧义谬误（Searle 2015, 80）。

② 约翰·R. 塞尔. 心灵导论. 修订译本. 徐英瑾, 译. 上海：上海人民出版社，2019：267.

③ 同②.

④ 约翰·R. 塞尔. 心灵、语言和社会. 李步楼, 译. 上海：上海译文出版社，2006：30.

够对我为什么相信二加二等于四给出因果性说明，但这一事实并不表明二加二不等于四；我能够对我看到一棵树的过程给出因果说明，但这一事实并不表明我没有看到树。换言之，"我直接知觉到了一棵树"和"我把看到一棵树的体验描述为一系列物理的和神经生物学的事件"这两个断言之间并不存在任何矛盾①。

2. 对幻觉论证的反驳

塞尔认为，幻觉论证建立在"歧义谬误"之上（26）。幻觉论证的第三步说，不论是在真实的情况下，还是在幻觉的情况下，我们都"觉知"（aware of）或"意识"（conscious of）到了某物。塞尔认为这种说法是有歧义的，因为它包含了"觉知"或"意识"的双重含义，即意向性意义上的觉知和构造（constitution）（或同一性）意义上的觉知。假设，我现在用力推一张桌子，在推桌子的同时我觉知到了手上的疼痛感。如果用命题来表示我的这一行动和体验，则可以表述为：

（a）我觉知到了桌子；
（b）我觉知到了手上的疼痛感。

塞尔认为这两个命题都是真的，尽管它们看上去很像，但实际上却根本不同。命题（a）描述了我与桌子之间的意向性关系。这里的"觉知"是意向性的"觉知"。但在命题（b）中，我唯一觉知到的东西是疼痛感本身。在这里，"觉知"是对体验之同一性或构造的觉知。也就是说，我觉知到的对象和感觉是同一的：对象是疼痛感，感觉也是疼痛感。因此，觉知有双重含义：我觉知到了（同一性或构造意义上的）疼痛感，但我也觉知到了（意向性意义上的）桌子（24）。塞尔认为，幻觉论证正是建立在"觉知"（或意识）这个词的歧义性之上。这一论证混淆了觉知的双重含义，将其意向性意义与构造性（同一性）意义混为一谈。在幻觉中，我们有觉知（意识）的内容，但没有觉知（意识）的对象，因为觉知本身与意识体验是同一的，它不是

① 约翰·R. 塞尔. 心灵、语言和社会. 李步楼，译. 上海：上海译文出版社，2006：30.

一个独立的觉知（意识）对象。

塞尔以形式化的方式刻画了歧义谬误。以下面这个句子为例："主体S有对对象O的一个觉知A。"在意向性的意义上，我们可以得出一个结论：A和O并不同一，A≠O，换言之，A是一个本体论上主观的事件，它将O的存在和特性呈现为其满足条件。但在构造或同一性的意义上，我们可以得出一个结论：A和O是同一的，A＝O，换言之，我们所"觉知"到的东西就是觉知本身（25）。

塞尔认为，在幻觉论证中，我们混淆了"看见"（seeing）的双重含义，而正是由于混淆了"看见"的双重含义从而加重了"觉知"的歧义（26）。在幻觉中，我们总是会说我们看见了什么东西，例如：在麦克白的匕首的例子中，麦克白看见了一把匕首；在椭圆硬币的例子中，我们看见了椭圆的硬币；在弯曲的棍子的例子中，我们看见了弯曲的棍子；在重影的例子中，我们看见了两根手指；等等。在我们描述这些幻觉体验时，我们都使用了"看见"这个动词；而在我们描述一个真实的知觉时，我们也使用了"看见"这个动词。似乎在这两种情况下，"看见"的宾语也即视觉体验的对象具有相同的存在地位，也即都是实在地存在的。但事实上，从意向性的意义上来说，在幻觉中，当我们说"看见"了什么东西时，我们什么也没看见。我们之所以会说"看见"了什么，是因为我们"觉知"到了什么，因而我们被"诱使"着用一个名词短语来作为"看见"的直接对象（26）。然而，从我们具有一种在现象学特征方面与一个真实的体验无法区分的幻觉这一事实中并不能推出一个结论说我们看见了由真实的体验与幻觉体验所共享的同一个对象或事态①。

塞尔认为，幻觉论证的错误之处还在于误解了"显像"（appearance）与对象本身的关系。依照知觉的表象论者，如笛卡尔和洛克的观点，感觉予料在某些方面类似于物质对象，它们与物体的原初性质相似，因此我们可以通过对感觉予料的知觉来认识对象，感觉予料是

---

① 约翰·R. 塞尔. 心灵导论. 修订译本. 徐英瑾，译. 上海：上海人民出版社，2019：269.

对象的表象。依照现象主义者和观念论者，如贝克莱的观点，对象（物）就是感觉予料（观念）的集合。依照先验观念论者，如康德的观点，一切我们所能知觉到的东西都只是物自身的显像，而物自身是不可知的（21-22）。因此，不论是知觉的表象论者，还是现象主义者，抑或（先验）观念论者，都持有一种共同的观点：显像（表象）与对象（物自身）是相分离的，我们所能认识的只是对象（物自身）的显像（表象）。各种形式的幻觉论证亦持有相同的观点。塞尔认为，这样的观点是自相矛盾的：我们竟然可以在看见一个对象之显像的情况下没有看见那个对象本身。事实上，看见一个对象的显像，就是看见了它看上去的样子①。否则的话，我们就无法保证我们的认识是关于一个本体论上同一的对象的认识，我们关于同一个对象的认识也因此缺乏统一性。

塞尔认为，我们之所以会陷入歧义谬论，误解显像与对象本身的关系，从根本上来说，是因为我们没有理解有意识的知觉体验之意向性。为什么这么说呢？因为，在真实的知觉和无法与之区分的幻觉之间存在某个共同的东西，这个共同的东西就是带有满足条件的有意识的意向体验，如果我们不理解体验的意向性，就很可能会认为，这个共同的东西就是知觉对象。在幻觉中，你就会把体验当成体验的对象。而在塞尔看来，幻觉与真实的知觉的确具有相同的现象学和相同的意向内容，但它没有意向对象，而只有内在的原因。幻觉论证的根源在于混淆了意向性的本质，即混淆了意向状态的内容和意向状态的对象（28）。因而，区分好的和坏的情况的关键在于区分那些有对象的情况和无对象的情况（182）。凡是那些认为相同的内容必然暗含着相同的对象的论证就是坏论证（182）。

五、坏论证与析取主义

塞尔认为他的知觉理论会对两种错误的观点构成威胁：一是主观

---

① 约翰·R. 塞尔. 心灵导论. 修订译本. 徐英瑾，译. 上海：上海人民出版社，2019：269.

体验本身就是知觉的对象（坏论证），二是根本不存在为幻觉和真实的知觉所共有的主观的知觉体验（析取主义）（53）。

析取主义与坏论证密切相关。塞尔说，坏论证以颠倒的形式存在于当代的析取主义中。那么，什么是析取主义呢？塞尔认为，析取主义者对于究竟什么是析取主义莫衷一是，没有统一的观点，但析取主义有一个共同的特征，那就是：根本不存在任何既在好的情况下又在坏的情况下发生的共同的有意识体验（165）。用伯恩和罗格的话来说，二者并不共享任何"心理内核"（mental core），也不存在任何刻画两种情况的"心理种类"（mental kind）（165）。

为什么说析取主义是坏论证的一种颠倒形式呢？因为从形式上来说，析取主义是从坏论证的"肯定前件式"（modus ponens）变成了"否定后件式"（modus tollens）。坏论证的典型形式是：如果 p（好的情况和坏的情况都有相同的意向内容），那么 q（素朴实在论为假）。p，所以 q。而析取主义的典型形式是：如果 p，那么 q，但是非 q（素朴实在论为真），所以非 p（好的情况和坏的情况不具有相同的内容）（81，注释 1）。从上述论证中可以看出，析取主义（1）否认了坏论证的第一个前提，即好的情况和坏的情况在认识上是相同的；并且（2）推翻了坏论证的结论，即素朴实在论为假。

析取主义者（如伯恩和罗格）认为，知觉被看作"析取的"意义在于：在真实的情况与幻觉的情况之间有一种析取关系（166）。也就是说，一个体验要么是真实的知觉，要么是幻觉，二者必定是可以区分的。如果不可区分，就会导致两个结论：（1）二者的共同内容是知觉对象；（2）直接实在论是错的。塞尔反对这一论断，他认为这一论断犯了与坏论证同样的错误。

先来看结论（1）。坏论证的错误在于假定相同的意向内容必然蕴涵相同的意向对象，而且把体验的内容当成了体验的对象。依照直接实在论，知觉和幻觉具有相同的现象学和相同的意向内容，但并不具有相同的对象，因为只有知觉有对象，而幻觉没有对象。因此，析取主义者在这里犯了两个与坏论证相同的错误，一是认为幻觉有对象，二是把体验内容当成了被体验的对象。

再来看结论（2）。如果真实的知觉在认识上无法与幻觉区分，就必然导致直接实在论为假吗？并非如此。以麦克白的匕首为例。麦克白在幻觉中"看见"一把匕首的体验与他真实地看见一把匕首时的体验是完全相同的，但事实上，麦克白在幻觉中什么也没"看见"，因为幻觉没有对象。按照规定，幻觉是内因的，而知觉是外因的。知觉由一个外部世界中对象或事态引起这一事实恰恰可以证明直接实在论为真（198）。

析取主义者（如马丁）坚持认为好的情况与坏的情况根本不同。塞尔认为，证立这一观点的一个现实策略是去规定"知觉体验是通过它们是不是真实的体验这一问题而被个体化的"（170）。然而，如此一来，析取主义者就不得不说，在好的情况与坏的情况之间存在着某些更深层的差异，这些差异超越了一个是真实的体验，而另一个则不是真实的体验这一事实。那么这些深层的差异是什么呢？析取主义者给出的一种回答是："在每种情况下，意识成分都必定有所不同"（171）。对此问题的另一种回答是："在真实的情况下，对象完全就是知觉体验的一部分，但在幻觉的情况下，不存在作为知觉体验之一部分的对象；所以，知觉体验在这两种情况下是'根本'不同的"（174）。

针对第一种回答，塞尔认为，这是完全错误的，因为，不论在好的情况下，还是在坏的情况下，意识的成分也即内容都是完全一样的。针对第二种回答，塞尔认为这一论断既可能是真的，也可能是假的：从本体论的意义上来说它是假的，因为它有可能把本体论上客观的东西（对象）与本体论上主观的东西（知觉体验）混淆在一起；从意向主义或知觉的呈现意义性的意义上来说它是真的，因为意识的意向性击中了对象，而对象引起了它的体验。但是，在塞尔看来，直接的知觉并不是一个支持析取主义的论证，毋宁说，它是知觉之呈现意向性的一个自然而然的结果（174-175）。换言之，"对象是知觉的一部分这个论断没有意义，因为完全存在于大脑中的有意识的、定性的、主观的知觉体验可以包含所见的物理对象这个论断本身也没有意义"（175）。塞尔批评析取主义者未能对空间关系和因果关系，特别是视觉体验及其与被知觉的对象之间的关系给出一种规范性的说明（197-198）。

最终，塞尔认为，只要人们接受了本书所提出的两个主要论断：（1）坏论证是错的；（2）真正的知觉具有呈现意向性，并因此暗含了直接实在论，那么人们就根本没有接受析取主义的动机。析取主义与其说是错的，不如说是不必要的（173）。

六、直接实在论的自我证立：先验论证

坏论证的一个根本特征是反对直接实在论。在本书中，尽管塞尔通过对科学论证和幻觉论证的反驳完成了对坏论证的反驳，从而间接地为直接实在论做了辩护，但他并没有从正面来证立这一理论。那么，塞尔在别处是否为直接实在论做过证明呢？答案是肯定的。在《社会实在的建构》中，塞尔指出，外部实在论是一种背景预设，是不带有任何具体内容的纯粹形式，而不是经验性质的理论，如果我们同意对外部实在论的这些看法的话，那么对于外部实在论，我们所能给出的唯一论证就是"先验论证"了：首先假定某种条件成立，然后力图表明这种条件的预设前提①。在《心灵导论》中，塞尔首先像本书这样通过对科学论证和幻觉论证的反驳对坏论证做了反驳，然后又对直接实在论做了论证，其论证方式也是先验论证。只不过在《心灵导论》中，塞尔没有用"坏论证"的提法，而是用"感觉予料"理论来指称这种论证。虽然在《社会实在的建构》中，塞尔也给出了先验论证的几个步骤，但由于《心灵导论》的出版后于前者，而且在总体思路上与前者类似，所以译者主要以《心灵导论》中的论述为主来介绍一下先验论证。

在《心灵导论》中，当塞尔完成了对"感觉予料"理论的批判之

---

① 约翰·R. 塞尔. 社会实在的建构. 李步楼，译. 上海：上海世纪出版集团，2008：155.

后，就明确意识到了怀疑论有可能针对直接实在论提出的一个问题：即使将反对直接实在论的论证都驳倒了，也不足以证明直接实在论本身是对的。因此，"我们的确需要某个论证来证明，至少在某些场合下，我们的确是知觉到了世界中的物质对象与事态"①。塞尔认为，面对怀疑论的挑战，任何一种直接的回应都是不明智的，最好的办法是像康德那样采取一种所谓的"先验论证"的策略。先验论证是说：我们先假设一个特定的命题 p 为真，然后我们再证明使命题 p 为真的条件是 q，而且 q 也应当是真的②。依照这一形式，对直接实在论的论证是这样的：

第一步：我们先假设一种为不同的说话人与听话人所共同分享的、可为理智所通达的谈话机制（假设怀疑论者也参与了这场对话），这一谈话机制表明，人们是通过一种公共语言来彼此谈论世界中的公共对象与公共事态的。——命题 p。

第二步：我们表明，使这样一种交流得以可能的条件是某种形式的直接实在论。——命题 p 的成真条件 q。

塞尔认为这一论证的关键是认识到了感觉予料的"私人性"与语言和世界的"公共性"之间的矛盾：如果我所能体验到的一切都只是"我的"感觉予料，而你所能体验到的一切都只是"你的"感觉予料，那么我们如何能够用一种公共语言来谈论同一个对象呢？

塞尔给出了他的先验论证的完整形式：

1. 我们假设我们至少在某些时候能够与其他人成功地交流。

2. 这里所讨论的交流形式是为那些处在公共语言中的、可被公共地获取的意义所具有的。……

3. 但为了在一种公共语言中成功地进行交流，我们就不得不去假定一些共通的、可被公共地获取的指称对象。……

4. 这也就隐含了，你与我分享了通达同一对象的同一条知

————————

① 约翰·R. 塞尔. 心灵导论. 修订译本. 徐英瑾，译. 上海：上海人民出版社，2019：271.

② 同①272.

觉通道。换言之，即我不得不假设你与我都看到了——或以其他方式知觉到了——同样的公共对象。一个公共语言预设了一个公共世界。而公共语词所具有的公共可获取性正是我在此试图加以捍卫的东西。……关于公共世界的预设恰好正是我一直在加以捍卫的那种素朴的实在论。……①

塞尔一方面说，他的先验论证是对直接实在论的证明，但另一方面他又说："我们所做的并非是对于素朴实在论的直接证明；确切地说，我们只是证明了，在一种公共语言中，素朴实在论的反面是根本无法被理智所想象的。"② 这是否意味着，直接实在论是无法直接证明的，或者说，根本无须证明？

康德在《纯粹理性批判》中说，到他那个时代的哲学家居然还没有对世界的存在提供一个合理的证明，这是哲学的耻辱。而海德格尔在《存在与时间》中接着康德的话茬说，迄今为止的哲学，居然一直在试图为世界的存在提供一种证明，这才是哲学的耻辱。按海德格尔的思路，"在世界之中存在"乃是此在之生存的"先天（即本质性的）结构"。世界之存在不是理论活动证明的对象，它恰恰是一切理论活动得以产生的基地。无世界的理论主体则是现代哲学诞下的一个彻头彻尾的虚构。从这一意义上来说，塞尔的观点与海德格尔有相似之处。在《心灵、语言和社会》中，塞尔说，"要求对世界上的事物以一种不依赖于我们的表象的方式而独立存在的观点进行辩护，这是没有意义的"③。外部实在论不是一种真理理论，不是一种知识理论，也不是一种语言理论，而是一种本体论、一种框架、一种前提④。例如，关于太阳中心说这类行星运动的理论要想成为可能，就必须承认这种框架或前提。当我们对一种理论的是非对错进行争辩时，我们就

---

① 约翰·R. 塞尔. 心灵导论. 修订译本. 徐英瑾，译. 上海：上海人民出版社，2019：273-274.

② 同①274.

③ 约翰·R. 塞尔. 心灵、语言和社会. 李步楼，译. 上海：上海译文出版社，2006：33.

④ 约翰·R. 塞尔. 社会实在的建构. 李步楼，译. 上海：上海世纪出版集团，2008：131.

必须把有一种事物实际存在的方式看作是不言而喻的前提，否则，这种辩论就不可能展开。外部实在论不是关于这个或那个物体存在的主张，而是我们如何理解诸如此类的主张的前提①。

在塞尔看来，一切对实在论的挑战或者说那些反实在论的立场都有两个动因，一个是表层的，一个是深层的。表层动因与怀疑论有关。在外部世界是否实在这一问题上，之所以有很多人持唯心论的立场，是因为它能够使我们回答怀疑论的挑战，即，不论我们对外部世界的存在有多么完备的知识或证据，我们仍然可能是受到了幻觉的欺骗，从根本上来说，我们不可能知道世界实际是什么样子的②。唯心论取消了实在与现象之间的鸿沟，实在变成了单纯的现象。

塞尔认为，各种各样的反实在论之所以有持续不断的吸引力，并非是由表面上看来的种种论据所促成的，而是有更深层的文化心理动因："一种权力意志，一种控制的欲望，一种深刻而持久的怨恨。"③外部实在论让科学有了独立的研究对象，从而使它与人文科学区别了开来。自伽利略、牛顿以来的近代自然科学告诉我们，我们所生活于其中的这个常识的、经验的世界并不是真正实在的世界，而只有科学，例如物理学、化学、分子生物学才能告诉我们什么是构成这个世界的终极的实在（例如分子、原子、力、场、细胞，等等），只有科学才能告诉我们关于这个世界的真理（例如万有引力、光合作用、能量守恒，等等）。自然科学，特别是数学化的精确的自然科学在我们的文化和社会生活中扮演着越来越重要的角色，科学的世界观获得了巨大的权威④。然而，科学在促进人类文明进步的同时，也给我们造成了无尽的灾难和巨大的危险。核武器、原子能、基因工程、互联

---

① 约翰·R. 塞尔. 心灵、语言和社会. 李步楼, 译. 上海：上海译文出版社, 2006：33-34.

② 同①17.

③ 同①34.

④ 类似的观点亦可参见胡塞尔. 欧洲科学的危机与超越论的现象学. 王炳文, 译. 北京：商务印书馆, 2017；罗伯特·索克拉夫斯基. 现象学导论. 高秉江, 张建华, 译. 武汉：武汉大学出版社, 2009：144-145.

网、人工智能，等等，这些都是科学的产物，它们在形塑和改变我们的生活的同时，也在控制和威胁我们的生活。为什么我们要受实在世界的支配？为什么我们要去符合这个世界？为什么我们不能把"实在世界"设想为某种我们所创造的东西？如果全部实在都是一种"社会构造"，那么权力主体就是我们而非世界，自然科学也就和人文科学一样处在相同的本体论基础上，因而不具有任何优越性①。由科学的知识霸权地位所导致的科学主义意识形态让人文科学自惭形秽，心生怨恨。"这种怨恨有着漫长的历史，到了 20 世纪后期，由于对自然科学的愤慨和憎恶而增大了这种怨恨。科学由于它的威望，它的明显的进步，它的权力和金钱以及它的巨大的伤害能力，而成了人们憎恶和怨恨的目标。"②

塞尔对反实在论的表层动因（屈服于怀疑论）和深层动因（对科学主义的怨恨心理学、人文科学的权力意志）的分析在一定程度上揭示了认识论哲学的传统困境和人文主义的衰落与抗争。但正如他自己清醒地意识到的那样，他的这些分析顶多只能算作一种"诊断"，而不是一种"驳斥"，因为，外部/直接实在论是无须证明的，或者说，对它的任何辩护都是没有意义的。如果非要证明，那么一切证明都必将陷入循环论证③。

*　　　*　　　*

以上，是对本书核心论题的一个简要概述。接下来译者想就一些主要概念的汉译，谈一些自己的看法。

1. Perception。刘叶涛教授在《意向性》的第一版译本（2007）和修订译本（2019）中，均将此概念译为"感知"。译者在本书中一律将其译为"知觉"，以与"sensation"（感觉）明确区分开来。事实上，在塞尔著作的其他中译本中，这一核心概念基本都被译为"知

---

① 约翰·R. 塞尔. 心灵、语言和社会. 李步楼，译. 上海：上海译文出版社，2006：20，34.

② 同①34.

③ 约翰·R. 塞尔. 社会实在的建构. 李步楼，译. 上海：上海世纪出版集团，2008：156.

觉"，这种译法应该更符合意识哲学或心灵哲学的语境。

2. Presentation 和 Representation。这对概念因涉及不同哲学理论和语境，其译名不易统一。与二者相应的动词是 present 和 represent，形容词是 presentational/presentative 和 representational/representative。作为哲学术语，presentation 有"呈现""体现""表达"等译法，而 representation 则有"表象""表现""表征""再现""代现"等译法。学界对二者的翻译都不统一。在本书中，译者主张将 presentation 译为"呈现"，将 representation 译为"表象"①。

关于 presentation，刘叶涛教授在《意向性》的前后两个译本中都将其译为"表达"，以与"表征"相对应。译者不同意这种译法，理由有二：一是，通常我们把英语的"express/expression"译为表达，而 present/presentation 则很少这样来翻译。二是，在塞尔的哲学语境中，他一般用 present/presentation 来刻画知觉的意向性，例如，视觉呈现（present）一张桌子，视觉的意向内容是对这张桌子的呈现（presentation），视觉具有呈现的意向性（presentational intentionality）。说视觉"表达"一张桌子，视觉具有表达的意向性，不论从语义上，还是从汉语的表达习惯上来看，都不合适。

关于 representation，根据译者的观察，在西方近代哲学的语境中，特别是在笛卡尔、洛克、贝克莱、休谟和康德等人的哲学中，大多数学者倾向于将其译为"表象"，而在当代心灵哲学的语境中，人们则倾向于将其译为"表征"（包括对塞尔著作的翻译）②。译者认为，这种做法是很成问题的。

因为，首先，当代的心灵哲学，就其基本问题、思想资源和理论基础来说，主要来自近代哲学，特别是笛卡尔、斯宾诺莎、洛克、莱布尼茨、贝克莱、休谟和康德等人的思想。如果 representation 在上

---

① 在《意向性》中，塞尔对 representation 的用法有明确的规定，参见约翰·R. 塞尔. 意向性. 修订译本. 刘叶涛，冯立荣，译. 上海：上海人民出版社，2019：13-14。

② 徐英瑾也意识到了这种情况，参见约翰·R. 塞尔. 心灵导论. 修订译本. 徐英瑾，译. 上海：上海人民出版社，2019：257。

述哲学家那里被译为"表象",而在当代的心灵哲学中则被译为"表征",这就人为地切断了哲学史的联系,看不到同一问题、同一概念在不同历史阶段的发展、演变。

其次,representation,被译为"表象",通常是为了突出其"objective image"的含义;译为"表征",则是为了强调其"象征"的含义。前者是一种直观行为,后者是一种符号行为。一般来说,如果某位哲学家强调的是以符号来代表事物,则不能译作表象;如果强调的是以图像来表现事物,则不可译为表征。但是,如果不做区分,译者倾向于译作表象,因为表象的"象"既可以作为意象、图像,也可以作为象征和符号来理解。"表象"这一译名最大的问题是容易被理解为仅仅是意向行为的结果(感觉、知觉、观念、意象等),而不包括意向行为本身;但实际上,"表象"既可以作为名词,也可以作为动词来理解,对应于英语中的 representation 和 represent,德语中的 Darstellung 和 darstellen(有时也用 Vorstellung 和 vorstellen,如在黑格尔那里)。"表征"一词的辞典意义侧重于"揭示、阐明"和"事物显露在外的征象"(《辞海》),反而不如"表象"更贴切。

最后,从技术性的角度来说,在同一本书中,如果在遇到康德时,我们将 representaion 译为"表象",而在遇到塞尔时则译为"表征"。或者,当塞尔在讨论康德时,将其译为"表象",而在阐述自己的思想时则将其译为"表征",这样做,就像"transcendental"这个概念在康德(通常译为"先验的")和胡塞尔(有学者主张译为"超越论的")那里所遭遇的尴尬一样,只会陷入概念纷争,造成表达和理解的混乱。

关于 presentation 和 representation 的关系,塞尔有明确的区分。在本书中,塞尔有如下一些论述:"尽管所有具有命题内容和适应指向的意向状态都是其满足条件的表象(representation),且其中一些表象(representation)是呈现(presentation)。当我在思考某个事物时,我的思想是我正在思考的东西的表象(representation)。但是,当我直接知觉它时——例如,当我看到它时——,那么,我的视觉体验实际上是所见对象或事态的呈现（presentation）"（41）；"视觉体验是呈现（presentation），而不仅仅是表象（representation）"（60）；"视觉体验不是一个表象（represents）我所看见的对象和事态的独立的东西，它给予我对那些对象和事态的**直接的知觉**。例如，我的信念是一系列命题的**表象**（representations）。但视觉体验并非如此。……严格来说，如果我们把'表象'（representation）定义为任何具有满足条件的东西，那么呈现（presentation）就是表象（representation）的种（species）"（61）；"视觉体验呈现（presents）桌子，而信念只是表象（represents）桌子"（69）；"所有视觉意向性都是呈现（presentation）的问题，呈现（presentation）是表象（representation）的一个亚种"（69）。从以上这些论述中，我们可以看到，在塞尔这里，"表象"的外延要比"呈现"大，"呈现"是"表象"的一个种或亚种。视觉体验与信念的区别在于，视觉体验可以直接呈现实在世界里的对象或事态，而信念则只是表象命题或其满足条件。从塞尔的表述"the visual experience is a presentation and *not merely* a representation"（60）、"perception is *not just* a representation，but a direct presentation"（174）① 来看，视觉体验、知觉也是一种表象，但这种表象更准确地应被称为呈现。

3. Experience。刘叶涛教授在《意向性》的第一版译本和修订译本中，均将此概念译为"经验"。李步楼先生在《心灵、语言和社会》（2006）、《社会实在的建构》（2008）中也将这一概念译为"经验"。译者以为，在讨论意识和意向性的语境中，这一概念应该译为"体验"，因为对于塞尔来说，experience 是内在的、第一人称的、本体论上主观的、可以直接为意识所觉知或通达的（在《心灵导论》的中译者序中，徐英瑾教授也持同样的观点）。在德语中有两个词 Erlebnis 和 Erfahrung，我们一般将前者译为体验，而将后者译为经验，因为 Erlebnis 特指意识对自身的直接把握，它是一种自身意识，而

---

① 斜体为译者所加，以表强调。

Erfahrung 往往是对外部世界中的对象的把握，它不是对自身的意识，而是对他物的意识。尤其是在面对他人时，我们永远不能以第一人称的方式直接"体验"（erleben）到他人的心灵生活，而只能外在地"经验"（erfahren）到他人的表情、姿态、动作等。Erlebnis 和 Erfahrung 这两个词翻译成英语时只有一个对应的译法，即 experience，这是英语的缺陷。当然，有时为了与德语相匹配，我们也用 lived experience 对应 Erlebnis，用 living experience 对应 Erfahrung。虽然塞尔是用英语写作的，我们不用去找 experience 的德语对应，但就 experience 本身的歧义来说，我们在汉译时，还是应该选择适当的义项。

4. Entity。这个概念也很难翻译。在哲学中，其常见的译法有"实体""实存物""存有者""存有物"等译法。译者注意到，徐英瑾教授在《心灵导论》中主张将其译为"事体"，译者觉得这个译名亦有欠缺。因为 entity 这个词在塞尔哲学中既指那些本体论上客观的东西，如山、分子、地质构造板块（16），也指那些本体论上主观的东西，如意识体验（17）。不管是本体论上客观的，还是本体论上主观的，entity 都是实际存在的或真实发生的某个东西，在这个意义上，译者将根据语境将其译为"实体"、"实存者"、"物"或"东西"。

张浩军

2020 年 4 月 1 日

献给达格玛（**Dagmar**）

致　谢

我想对所有影响了本书写作的人表示感谢：布洛克（Ned Block）、伯奇（Tyler Burge）、坎贝尔（John Campbell）、赫丁（Jennifer Hudin）、卡普兰（Jeff Kaplan）、马丁（Mike Martin）、麦克道威尔（John McDowell）和塞西（Umrao Sethi）。我要感谢斯特里劳（Klaus Strelau）对我的理智内容所做的无情批判。我也要感谢我的研究助手杨（Mei Mei Yang）、巴多维纳茨（Nicole Badovinac）和黄（Xia Hwang）。我要特别感谢赫丁所做的索引。一如往常，我最要感谢的是我的妻子达格玛·塞尔（Dagmar Searle），我要把这本书题献给她。

xiii

目　录

导　言

这是一本讨论知觉的书。像大多数围绕这一主题写作的人一样，*3*
我所关注的是视觉（vision）。尽管我原本并不打算写这样一本书，但
在很大程度上它构成了我对视觉体验进行专门研究的一个总结。与
性、美酒佳肴一样，视觉体验也是我们生活中快乐与幸福的主要形式
之一。如果我们稍微用心想一想就会发现，有许多其他这样的东西，
我们理所当然地将之视作快乐的源泉，例如，自由的身体活动和话语
的力量。与视觉体验一样，我们认为这些东西都是理所当然的，而并
没有像对待其他强烈的感官快乐之源泉那样对待它们。

我想首先划定研究的边界。闭上你的眼睛，把你的手放在额头
上，再遮住你的眼睛：虽然你什么也看不见，但是**你的视觉意识并未
停止**。即便你什么都看不见，你还有视觉体验，它们就**像**是看见带有
黄斑点的黑暗一样的**东西**。当然，你并未看见黑暗和黄斑，因为你什
么都看不见；但是，你仍然具有视觉意识。视觉意识的区域相当有
限：就我而言，大致说来，它从我的额头顶部开始一直向下延伸到下
巴这里。我在这里所谈论的是现象学，而非生理学上的额头和下巴。
我在谈论的是：我是如何意识到我的额头和下巴的。但我的视觉意识

是有限的，因为，在我脑后或脚底下，我没有视觉意识。但我确实对我面前的东西有视觉意识，即使当我闭上眼睛时亦如此。我把刚刚确定下来的这个意识区域称作"主观的视觉场"。睁开眼，你的主观的视觉场就会在瞬间被事物所填满，填满的原因在于，你在视觉上意识到了——或者说，你直接看到了——客观的视觉场：你周围的对象和事态。这本书的大部分内容都在讨论主观的视觉场与客观的视觉场之间的关系。现在我所能给出的最重要的观点是：在客观的视觉场中，一切事物都被看见或者能被看见，然而在主观的视觉场中，没有任何东西被看见或者能被看见。

我为什么要写这样一本只讨论知觉的书呢？因为，知觉体验与实在世界——视觉是对实在世界进行知觉的最重要的体验——之间的关系是人们的一个主要关注点，有人甚至可能会说，它**就是**笛卡尔之后三个世纪以来西方哲学的主要关注点。直到 20 世纪，认识论仍然是哲学的核心，那些界定了这一领域的错误一直延续到了今天。本书一方面想清除这些错误，另一方面想对那些我所熟悉的传统的与当代的问题提供另一种解释。我希望能对知觉体验与知觉对象之间的关系提供一种更为充分的解释。

我想稍微谈一下这本书与我早期著作之间的关系。当我在《意向性》[1] 一书中发表了对知觉的一种意向主义解释之后，我不认为还有什么必要再去讨论这个话题。就我而言，似乎知觉问题已经得到了很好的解决。奥斯汀（Austin）驳斥了幻觉论证（Argument from Illusion）[2]，这一论证至少可以回溯到 17 世纪，它是经典感觉予料（sense datum）理论的来源。格赖斯（Grice）在知觉中构建了一个因果成分[3]。而我试图通过那些能够使我们看到知觉体验之逻辑结构的方式去解释知觉的呈现意向性（presentational intentionality）。这些体验无须语言就可以呈现整个事态。它们是因果上自反的（self-reflexive）。它们首先是（直接）呈现的而非表象的。（如果你不理解"因果上自反的"、"呈现的"和"表象的"这些术语是什么意思，请不必担心，我在适当的时候会一一进行解释。）

　　我的解释中有一些不清楚和不完善的地方。例如，一直有这样一种误解，即我的解释使知觉显得太过复杂，以至于动物根本无法把握它。当然，我的观点不是说，动物**思考**一切这样高阶的分析，而是说，这样高阶的分析只描述了在其体验中正在发生的东西。当动物知觉某物时，只有当被知觉对象引起了对其自身的知觉时，动物才会实际上知觉到它。对此可以做一个类比：如果我说，知识是避免了盖梯尔反例（Gettier counterexamples）的、得到辩护的真信念，并且说，"我的狗知道门口有人"，那么，我并不因此就认为我的狗在**思考**："我有避免了盖梯尔反例的、得到辩护的真信念。"一个由来已久的误解认为，如果动物能思考，那么它们必定能够思考它们正在思考。这一错误的进一步延伸是认为，如果动物在知觉和行动中有复杂的意向结构的话，那么它们必定可以思考这<u>些</u>复杂的意向结构的内容。

　　第二个误解是，当我说，知觉是因果上自我指涉的（causally self-referential）时，我可能是在说，知觉体验实行了一个指向自身的言语行为。我并未意指任何这样的东西。我的观点是，知觉体验的诸满足条件要求被知觉的事态在因果上发挥产生知觉体验的作用。正是在这种意义上，体验是因果上自我指涉的。为了避免这一误解，我现在使用因果上自反的（causally self-reflexive）而非因果上自我指涉的，但是，这两个表述在我这里指的是完全相同的东西。

　　在本书中，有一些记号上的变化。在《意向性》[4] 一书中，我用 S（p）作为意向状态的一般形式，在此，"S"表示状态类型，"p"表示命题内容。因此，天在下雨这个信念可以被表示为：

信念（天在下雨）

　　这种记号形式的一个好处是，它完美地匹配了言语行为的结构。因此，"天在下雨"这个断言有一个结构 F（p），在此，"F"表示言语行为的类型，也即语力（illocutionary force），"p"表示命题内容。断言的形式是：

断言（天在下雨）

我所遵循的一般原则是把整个满足条件置于圆括号之中。因果上自我指涉的情况会把因果成分包含在圆括号之中。逻辑形式也可以适用于视觉体验。因此，如果我看见天在下雨，那么，这一视觉体验将具有如下形式：

视觉体验（天在下雨，并且天在下雨这一事实引起了这一视觉体验）

由此，我们在命题内容中就获得了因果的自我指涉性。如果我们遵循如下原则，即一切满足条件都必定是命题内容的一部分，那么这么做就是对的。但是，这会使很多人误以为我在宣称，你们看见了因果关系。当然，你们并未看见因果关系，因果关系只是一个被体验到的真实性（veridicality）条件。我现在喜欢用如下的记号来表示：

视觉体验（天在下雨）
CSR（因果的自反）

在此，"CSR"捕获到了意向性的因果上自反的特征。很多人向我推荐这一记号，我想第一个应该是肯特·巴赫（Kent Bach）。虽然这一新记号与旧记号所意指的东西完全相同，但我希望它能避免一些误解。

因此，在我看来，在澄清这些误解之后，一旦知觉意向性的特定形式得以理解，一旦其呈现的特征得到恰当把握，那么，我提出一种知觉理论的原初目标就将得以实现。

因此，在接受对知觉的意向性解释时所产生的其他问题，与其说是由于我的表述不完善，不如说是由于哲学家们始终没有正确理解意向性本身的性质。在意向状态的**内容**和意向状态的**对象**之间仍然存在混淆。如果我相信奥巴马是总统，那么，我的意向状态的**内容**就是如下这个命题：奥巴马是总统；但是，我的意向状态的**对象**是奥巴马本人。哲学家们一直认为"命题态度"（一个极其糟糕的术语）必定是针对命题的态度。这是内容与对象的一种惯常的混淆。这种混淆延续到了对知觉的意向主义分析中。一些人认为，当我说知觉是意向性的并且有命题内容时，我是在说知觉是针对命题的态度。更糟糕的是，他们认为命题必定是像数字一样的抽象的实存者。这种关于命题态度的观念有可能导致这样的结论：依照一种意向主义的解释，我们实际上无法通达实在世界。我们只与抽象的实存者有关联。这种观念恰恰与我正在提出的解释相对立，在接下来的讨论中，我必须清除这些有 *8* 关意向性的一般误解。

本书在本质上是对我在《意向性》第二章所开始的分析路线的一个延续，在那里，我提出了一种对知觉意向性的分析。我认为现在我看到了许多我在写作《意向性》这本书时未曾意识到的问题。不仅仅是为以前存在的那些问题找到了解决之道，而且因为，我意识到了许多我在那时未曾意识到的问题。我认为在《意向性》中所提出的那些解释，就那本书而言，乃是完全正确的。但是，从我现在这本书的立场来看，则未必站得住脚。

我原本是因为在与内德·布洛克（Ned Block）和泰勒·伯奇（Tyler Burge）的交谈中受了启发才着力去研究知觉问题的，他们曾敦促我去考察某种被称作"析取主义"（Disjunctivism）的东西，他们说析取主义是"正在你伯克利的花园中疯长的杂草"。我的确对这一问题产生了兴趣，并且为了理解析取主义，我与伯克利的诸位同事进行交流且受益良多，尤其是约翰·坎贝尔（John Campbell）和迈克尔·马丁（Michael Martin）。在我看来，尽管析取主义本来是要为素朴实在论（Naïve Realism）做辩护的，但不幸的是，它在某种意义上接受了那些用来反对素朴实在论的经典论证所具有的最糟糕的特征。

由于本书依赖于我之前的著作，特别是意向性和意识，而且也因为我想让本书自成体系，所以我在第一章后面增加了两个附录：一个是关于意向性的，另一个是关于意识的。当代哲学在知觉问题上的许

观物如实：一种知觉理论

多混淆乃是因为作者缺乏清晰的意向性概念，而其持有的意识概念也
是错误的。这些错误至少部分地源于我们那命运多舛的哲学传统。这
两个附录虽然简短，而且是在重复我已经在其他地方详加解释过的东
西，但我相信，它们有助于完成这部完全独立的著作。

一旦你确立了知觉的意向性，并对其特征做出了一般性的刻画，
那么研究就会引出一系列问题。在第六章，我附带地批判了析取主
义。本书的核心部分是第四章和第五章。在这两章中，我试图回答一
个问题，即知觉体验的原始现象学（raw phenomenology）是如何规
定体验之意向内容的。在第七章，我考察了无意识知觉的情况以及其
他形式的无意识认知，我试图回应这样一个主张，即意识实际上并不
怎么重要。只有在第八章末尾部分，我才考察了关于知觉的经典哲学
问题——怀疑论和各种传统的知觉理论。我认为最重要的几章是第一
章、第二章、第四章和第五章。

注释

[1] Searle, John R. *Intentionality*: *An Essay in the Philosophy of Mind*. Cambridge: Cambridge University Press, 1983. Chapter 2, 37-78.

[2] Austin, J. L. *Sense and Sensibilia*. Oxford: Clarendon Press, 1962.

[3] Grice, H. P. "The Causal Theory of Perception," in *Studies in the Way of Words*. Cambridge, MA: Harvard University Press, 1989. Chapter 15, 224-247.

[4] Searle, John R. *Intentionality*.

第一章 坏论证

以往几个世纪中哲学的最大错误之一

I. 差之毫厘，谬以千里

哲学始终无法完全克服其历史，过去的许多错误依然伴随我们左右。的确，我们没法用一个词来命名我们所继承的各种误解、错误、谬论、混淆、不一致、不足、胡说八道以及直白的谎言。尽管把所有这些遗产都称作"错误"（mistakes）并不准确，但我实在找不到一个更好的词。我认为最严重的错误莫过于如下这些观点了：二元论、唯物主义、一元论、功能主义、行为主义、观念论、同一性理论等。这些理论共同持有的一个观点是：在心身关系、意识与大脑的关系方面，有一些特殊的难题，正是在固执于有一些难题这一幻觉的作用下，哲学家们都纠缠于对这些难题的不同解决方案上。这种错误的观念可以追溯到古代，但在 17 世纪因为笛卡尔的阐述而获得了其最著名的表达形式，这一错误一直延续到了当代的诸多理论中，例如心灵的计算机理论、功能主义、属性二元论、行为主义等。重要的是我们应当明白，所有这些表面上看来不同甚至相左的观念实际上都是同一个根本错误的不同表达形式，我把这一根本错误叫作概念二元论[1]。

11

一个十分严重的误解自 17 世纪以来侵蚀了我们的传统，这一误解认为，我们根本无法直接知觉到世界中的对象和事态，而只能直接知觉到我们的主观体验。这一误解在笛卡尔、洛克、贝克莱、莱布尼茨、斯宾诺莎、休谟和康德那里有不同版本。康德之后，情况变得更糟。密尔和黑格尔，尽管在思想上有许多差异，但他们也属于这一误解的行列。在本书中，我会揭示这一误解及其灾难性的后果，但我的主要目的不是进行历史描述。我想对知觉给出一个更为准确的解释，而这一解释的主要兴趣在于，尽力纠正那些先行于它的误解。我会首先就我所认为正确的知觉理论和我所宣称的误解给出一个简要的说明。接下来，在第三章，我会进行具体论述。与大多数围绕这一主题写作的哲学家一样，我的研究将主要集中在视觉问题上。当然，我也会顺带就其他知觉样态谈谈我的看法。

如果你的视觉正常，光线条件良好，而你在阅读本书的同时环顾了一下四周，那么你很可能会看到下面这些东西：如果你在室内，你可能会看到书本置于其上的桌子和你所坐的椅子。在正常情况下，你也可能会看到其他家具，以及墙壁、窗户、天花板，还有室内场景所可能包含的其他物件。如果你在室外，场景应该会更丰富，因为你会看到树、花、天空，或者房子和街道。我会首先尝试着去描述有关这一场景和在这一场景中发生的知觉现象的明显事实。首先，你**直接**看到了对象和事态，而这些对象和事态的存在完全**独立于**你对它们的知觉。在如下意义上，知觉是**直接的**，即你并未以知觉场景的方式知觉

12

到其他东西。这并不像看电视或者看镜子中反射的映像。之所以说对象和事态独立存在，是因为不论它们是否被我们所体验到，它们都存在。当你闭上眼睛时，对象和事态一如既往地存在，但知觉停止了。此外，在看到这些对象和事态的同时，你的有意识的视觉体

验正在大脑中进行。再说一遍，当你闭上眼睛时，即使对象和事态一如往常，但你的视觉体验会停止。因此，有两种不同的元素：你直接知觉到的**本体论上客观的**事态和对这些事态的**本体论上主观的**体验。在你开始对知觉进行理论研究时，你就已经知道这些了。

一旦你开始理论思考，你就会注意到除客观实在和主观体验之外的第三个特征：必定存在着一种因果关系，即客观实在引起了主观体验。你不需要知道细节，但是你需要知道，从对象那里反射出的光击中了你的眼球，并引发了一系列会引起知觉体验的因果事件。另外一个对我们的研究很重要的显著特征是，如果你试图描述你看到的客观实在和你看见客观实在的主观体验，那么这两种描述几乎是完全一样的，词语相同，词序也相同。例如，当你描述一幅客观的场景时，你可能会说："棕色的桌子上有一本蓝皮的书。"当你描述你的主观视觉体验时，你可能会说："我看到棕色的桌子上有一本蓝皮的书。"如果你已经学过一点儿哲学，从而在认识上有些踌躇，那么你可能会这样开始描述你的体验："我好像看到"（I seem to see），而非"我看到"（I see）。因为"好像"（seem）的范围可能是模糊的，如果你真想达到哲学上的准确性，你可以说："我有一个视觉体验，这个视觉体验是这样的：我好像看到棕色桌子上有一本蓝皮的书。"主观体验必须与对客观实在的描述完全一致的深层原因是：主观体验有**内容**，哲学家将其称作意向内容，对意向内容的明确规定和对意向内容呈现给你的事态的描述是一样的。如果视觉正确地履行了其生物学功能，那么对意向内容的描述和对它所呈现的事态的描述必须一致，因为知觉体验的一个主要的生物学功能就是给出关于实在世界的知识。对知觉内容的描述与准确地知觉到的事实之间的同一性完全就像对真信念之内容的描述与相应事实之间的同一性那样。对我的信念内容即天在下雨的明确规定与对信念所表象的世界中的事实"天在下雨"所使用的词语和词序是完全相同的。（关于这一点，我在后文中会有更详细的论述。）

13

II. 略论意向性与现象学

在我进一步深入讨论之前，我必须引入一些技术性术语。我已经在技术性的意义上使用了"意向的"（intentional）这个词。意向性是心灵的特征，借由意向性，心灵被**指向**或**关于**或**涉及**世界中的对象和事态。饥饿、口渴、信念、知觉体验、意向、欲望、希望和恐惧都是意向性的，因为它们是关于某物的。莫名的焦虑和紧张状态不是意向性的，至少在某些情况下如此，例如：主体只是焦虑和紧张，但不因任何具体事物感到焦虑和紧张。意向性与日常意义上的意图（intending）没有任何特殊联系[2]。例如，打算去散步只是众多意向性中的一种类型。意向状态，例如信念和愿望，有可能成功，也有可能失败。如果信念成功了，那么它就是真的；如果愿望达成了，那么它就得到了满足。我会说，通常，意向状态被满足或未被满足，而意向状态的内容规定了其**满足条件**（conditions of satisfaction）。当且仅当天在下雨，天在下雨这一信念内容才得到了满足。当且仅当我喝了一杯啤酒，我想喝一杯啤酒的愿望内容才得到了满足。

这本书的大部分内容都是关于知觉体验之意向性的。对于那些并不熟悉意向性理论的人来说，我已经为这一章增加了附录 A，在附录 A 中，我对意向性理论做了概述并解释了相关术语。如果你对命题内容、心理模式、适应指向、满足条件、因果自反性、意向因果性、意向性网络，以及使意向性起作用的背景能力这些概念完全熟悉，那么你就可以跳过附录 A 往下看了。但是，如果这些概念对你来说是神秘的或者不清楚的，我建议你首先读一下附录 A。此外，由于我使用了已在其他地方提出来的意识理论，所以我也增加了一个简短的附录 B 对意识进行说明。对有意识知觉的正确解释需要一个有关一般意识的正确概念，在附录 B 中，我试图纠正那些关于意识的显著误解。

另外一个我间或使用的术语是作为名词的"现象学"（phenome-

14

nology）和作为形容词的"现象学的"（phenomenological）。现象学只涉及我们的意识状态、事件和过程的定性的方面。哪里有意识，哪里就有现象学。如果你完全无意识，那就没有现象学。通常，只有在描述有意识知觉的特征时，我才需要现象学的词汇。"现象学"这个词有时也被用来指一种哲学运动。但我几乎不在哲学运动的意义上，而只在现象的意义上使用它。

III. 直接实在论

我所提出的有关知觉的观点，即我们直接知觉对象和事态，常常 *15*
被称作"直接实在论"（Direct Realism），有时也被称作"素朴实在论"（Naïve Realism）。之所以把它称作"实在论"，是因为，我们可以通过知觉通达实在世界；之所以说它是"直接的"，是因为，在我们知觉实在世界之前不必首先知觉其他东西。"直接实在论"通常与"表象实在论"（Representative Realism）相对立，"表象实在论"表明，我们知觉到的是实在世界的表象而非实在对象本身。"直接实在论"之所以有时也被叫作"素朴实在论"，是因为，它根本不理睬这样的观点，即我们实际上根本无法知觉实在世界。我过去偏爱"素朴实在论"这个词，但现在，由于它和一种被称作"析取主义"的错误理论联系在一起，所以大多数时候我会坚持使用"直接实在论"这个提法。我会在第六章解释和讨论析取主义。有意识的视觉体验有时被叫作"感觉予料"（sense data），尽管这个术语甚至比"素朴实在论"更加危险。如果世界就是它在我的知觉体验中显现的那个样子，那么知觉就被认为是真实的（veridical）。接下来你会听到更多这样奇奇怪怪的表述，例如"素朴实在论"或"直接实在论"、"感觉予料"、"意向性"和"真实的"。〔我会尽量避免使用"虚假的"（falsidical）这个更糟糕的词。〕为了避免混淆，我会遵循我在《意向性》[3] 中的惯例，以一种介于真实和不真实之间的中立方式使用"体验"和"知觉体验"，用"知觉"来描述真实的体验。因此，例如，现在我有一种看见一个计算机屏幕的体验，而且确实是一种知觉体验，那么，它不只是一种体验；它是一种知觉：我实际上知觉到了面前的屏幕。

16　（有时，当我在本书中引用贝克莱和休谟时，我不得不摆脱这一惯例，因为他们在一种并不带有真实性含义的意义上使用"知觉"一词。）

IV. 客观性与主观性

　　这是最后一个关于术语的说明。我已经使用了本体论的主观性与本体论的客观性之间的区分，我也需要对这种区分做出解释。认识论意义上的主观性和客观性不同于本体论意义上的主观性和客观性。所谓"认识论"，与知识有关；所谓"本体论"，与存在有关。在认识论意义上，客观性与主观性之间的区分是不同类型的论断（陈述、断言、信念，等等）之间的区分：认识论上客观的论断可以作为客观事实的问题来解决，而认识论上主观的论断则是主观意见的问题。例如，"凡·高死于法国"这一论断在认识论上是客观的。它的真与假可以作为一个客观事实来判定。"凡·高是一个比高更更优秀的画家"这一论断在认识论上是主观的，它是主观评价。存在方式之间的本体论区分是认识区分的基础。一些实存者，如山、分子、地质构造的板块，其存在独立于任何体验。它们是本体论上客观的东西。但是，其他东西，如疼痛、瘙痒，仅当它们被人或动物主体体验到时才存在。它们是本体论上主观的东西。我没法告诉你，由于未能认识到在主观的东西与客观的东西之间做出区分的认识论意义和本体论意义，从而造成了多少哲学误解。稍后，我会就此多说几句。如我刚才所言，疼

17　痛，是本体论上主观的东西。"但它们在认识论上也是主观的吗？"这一问题提法毫无意义，认识到这一点绝对很重要。只有论断、陈述等可以看作认识论上客观的东西。通常，有关本体论上主观的实存者例如疼痛之陈述可以被看作认识论上客观的。"疼痛可以用镇痛药缓解"

是对一个本体论上主观的实存者做出的认识论上客观的陈述。

V. 视觉图式

　　总结一下这个简要的说明。真实的视觉场景包含两种不同的现象：一是外部世界中本体论上客观的事态，二是完全在我们头脑中的、对事态的本体论上主观的视觉体验。前者引起了后者，而对后者的意向内容将前者作为其满足条件。当我说客观的事态被直接知觉到时，我的意思是说，你不必首先知觉到其他东西，然后再通过这个东西知觉事态。重申一遍，你的体验不像看见电视或镜子里的东西那样。

　　我们可以通过下面三幅图来说明视觉的不同情况。

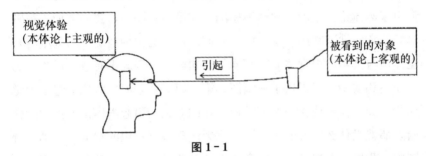

图 1-1

　　大脑中的盒子表示由对象引起的主观视觉体验。外部世界中的盒子表示被知觉的对象。我希望这幅图在哲学上是无争议的。

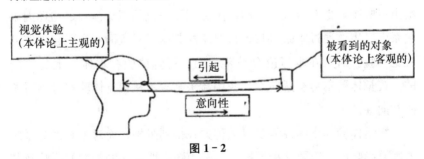

图 1-2

　　上面的线表示因果关系，即客观的盒子引起主观体验。因果指向是从世界到心灵，意向性的适应指向是从心灵到世界。这幅图增加的下面的那条线表示体验的意向性，它将对象呈现为其满足条件。这幅图所蕴涵的观点——视觉体验有意向性——是有争议的。

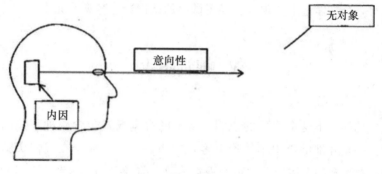

图 1 - 3

幻觉。大脑中的内在过程足以产生一个视觉体验，这个视觉体验与由外部刺激产生的视觉体验在类型上是同一的。（幻觉中的）视觉体验与真实体验有相同的意向内容，但没有视觉体验的对象。

在第一幅图中，我们只是简单地表明，本体论上客观的对象是如何引起本体论上主观的视觉体验的。在第二幅图中，我们增加了视觉体验的意向性。在第三幅图中，我们展示了幻觉的情况。幻觉中的视觉体验与真实的视觉体验有相同的意向内容，但却没有意向对象。为了完整和清楚，我提供了三幅图。第一幅图只表明，对象引起了视觉体验。如果你不认为一个客观地存在的对象能引起本体论上主观的体验，那就没什么好说的了，因为你无法理解有意识的知觉。在第二幅图中，我增加了视觉体验的意向性。并非所有哲学家都会同意视觉体验有意向性这一事实，我会在下一章中对此进行辩护。因此，我单独给出一幅图，把有争议的意向性附加到无争议的视觉体验之物理因果关系上。主体通过眼睛接收来自对象的刺激，对象的刺激引起主体的视觉体验。对象在本体论上是客观的。视觉体验在本体论上是主观的。视觉体验本身有意向性，我用箭头来表示从视觉体验本身到对象的意向性。

视觉体验的意向性需要以某种方式得到辩护，而对象对视觉系统的因果影响则不需要这种辩护。第三幅图表明，相同类型的体验及其内容如何能够在没有对象的情况下存在。

视觉中的对象和事件是整个实在世界，而以往的知觉理论未曾向我们提供这样的图式（diagrams）来系统说明它们之间的联系。任何此类图式的充分条件都在于，它们必须捕捉到知觉体验之本体论的主观性、所看到的事态之本体论的客观性，以及它们之间的因果关系和其他关系。因为知觉状态的要素，包括本体论上主观的体验，实际上是在世界中存在的对象、事件和事态，任何知觉理论都应当能够给出一幅刻画其关系的图式。实在世界中的实在事件必须能够通过图式来表象。一切反对我的解释的人都必须提供一幅不同的关系图。

我认为这些关系图是准确的，但如果它们使人认为内在的视觉体验本身是知觉的一个对象的话，那么它们就有可能是危险的误导。假定内在体验本身是知觉对象这一观点正是本书致力于克服的一个主要错误。主观的视觉体验本身无法被看见，因为它本身是对一切事物的看（seeing）。

实际上，我希望迄今为止的这些解释会让你明白，为什么我要不厌其烦地给你讲这些老掉牙的东西。然而，奇怪的是：我刚刚向你做出的这些解释恰恰被所有围绕这一主题写作的著名哲学家所否定了。的确，从 17 世纪以来所有探讨过知觉问题的哲学家都不会同意我的看法，我也从未听说过，哪位大哲学家接受了素朴实在论或直接实在论。（从培根和笛卡尔开始到康德为止的所有"大哲学家"，包括：洛克、莱布尼茨、斯宾诺莎、贝克莱、培根和休谟。如果有人想把密尔和黑格尔也算作大哲学家的话，我也不反对[4]。）

VI. 反驳素朴实在论/直接实在论的论证

为什么一个理智正常的人居然会反对直接实在论？有很多不同的反对直接实在论的论证，但奇怪的是，所有那些我所知的论证都建立在同样的误解之上。现在我想揭示这一误解，因为它是近代认识论的核心误解。正如我们将会看到的那样，所有的小灾难都始于这一最大的灾难。坏论证的最简单形式是这样的：

²¹ 在某一场景中，我想象，你看到了一张桌子，其上放着一本书，同时你也看到了桌子周围的其他陈设。但是，假定你正处于幻觉中。假定整个场景并不真实存在，而你有一个似幻觉一般的视觉体验，它无法与看见一种实在的体验区分看来。幻觉状态下的知觉并不真实，但在这种情况下，你似乎仍然可以**意识到什么**（conscious of something）。的确，你似乎**觉知到了什么**（aware of something），我们甚至可以说——尽管当我们说"看见"时，我们可能不得不带着嘲讽的意味给它加上引号——你确实**看见了什么**（see something）。

接下来的论证是这样的。根据假设，幻觉中的体验无法与真实的体验区分开来。因此，如果我们想保持一致，那么我们就必须对幻觉中的体验和真实的体验持相同的看法。在幻觉中，你并未看到一个物质对象，但你的确看到了什么。我们需要为这些"什么"命名。在笛卡尔、洛克和贝克莱的著作中，它们被叫作"观念"；在休谟那里，它们被叫作"印象"；在 20 世纪哲学中，它们被叫作"感觉予料"。

结论是显而易见的：你根本看不到物质对象或其他本体论上客观的现象，至少不是直接地，你只能看到感觉予料。诸如此类的论证被称作"幻觉论证"（Argument from Illusion）。如果你接受了幻觉论证的结论，那么留给认识论的问题就是：你看到的感觉予料和你实际上没有看到的物质对象之间是什么关系？对此问题的不同回答决定了近代认识论的不同面相。依照笛卡尔和洛克的观点，感觉予料在某些方面类似于物质对象。它们与原初性质（primary qualities）① 相似，因此我们可以通过对感觉予料的知觉来获知有关对象之主要性质的信息。感觉予料是对象的表象，所以这种理论有时也被称作"知觉的表

---

① primary qualities 和 secondary qualities 通常被译为"第一性的质"和"第二性的质"，译者主张将其译为"原初性质"和"次级性质"。因为 quality（复数 qualities）本身的意思就是"性质"，而 primary 和 secondary 是用来强调这种（些）性质究竟是物体本身固有的、本质性的、与物体始终不可分离的性质，还是凭借这种（些）性质所产生的次级的、附属的性质。

象理论"（Representative Theory of Perception）或者"表象的实在论"（Representative Realism）。依照现象主义者和观念论者——例如贝克莱——的观点，对象就是感觉予料的集合。贝克莱说，唯一存在的东西就是心灵和心灵中的观念。依照康德，一切我们所能知觉到的东西都只是表象；但是，为了保证认识的客观性，康德宣称，必定存在着作为表象之根据（Grund）的物自体。物自体是不可知的。这种观点被叫作"先验观念论"。

22

这种论证的一个现代版本表面上看与康德的观点不同，但实际上基于同样的错误，这一论证被称作"科学论证"（Argument from Science）。其论证过程是这样的：对知觉的科学解释表明，我们的知觉完全是由一系列神经生物学过程引起的，这些神经生物学过程始于世界中的对象所反射出的光子对视网膜中的光感受细胞的刺激。光感受细胞的激活引发了一系列神经生物学过程，这些过程最后终结于大脑皮层，从而形成视觉印象。在日常谈话中，我们说，我们看到了桌子，但当我们要给出一个真正的科学分析时，我们只好得出结论说，我们所能看见的一切都只是视觉图像或感觉予料。科学表明，我们根本看不到实在世界，而只能看到一系列事件，这些事件是实在世界通过光反射对我们的神经系统施加影响的结果。"直接实在论"再次遭到了反驳。

为了表明所有这些论证是如何基于相同的错误的，我需要一步一步来展示我的论证。以"幻觉论证"为例：

第一步：不论是在真实的（好的）情况下，还是在幻觉的（坏的）情况下，都有一个共同的要素——在视觉系统中进行的定性的主观体验。

第二步：由于在两种情况下，共同的要素在质上是同一的，所以不论我们对其中一种情况给出怎样的分析，我们都必须对另一种情况给出同样的分析。

第三步：不论是在真实的情况下，还是在幻觉的情况下，我们都觉知到了什么（意识到了什么，看到了什么）。

23 　　第四步：但在幻觉的情况下，这个什么不可能是物质对象，因此，它必定是一个主观的心理实存者。用一个词来说，它就是"感觉予料"。

　　第五步：但是根据第二步，我们必须对两种情况做出相同的分析。因此，在真实的情况下，正如在幻觉的情况下一样，我们只看到了感觉予料。

　　第六步：由于不论在幻觉中，还是在真实的知觉中，我们都只看到了感觉予料，因此，我们必须得出结论说，我们根本看不到物质对象或其他本体论上客观的现象。所以，直接实在论遭到了驳斥。

　　这一基本论证以许多不同形式出现，它是自 17 世纪以来近代认识论的基础。我已相当尖锐地指出，这一论证造成了灾难性的后果。为什么这么说呢？请注意，就这种解释而言，我们所能通达的唯一实在就是我们自己的私人体验之主观实在。这使得我们无法解决怀疑论问题：在知觉的基础上，我们如何能知道实在世界的事实呢？这个问题无法解决，因为我们的知觉只能通达私人的主观体验，本体论上主观的体验与本体论上客观的实在世界之间有一条不可逾越的鸿沟。休谟有一种直觉：怀疑论是不可避免的，但他认为，我们理智的惰性会使我们轻易地忽视怀疑论的结论而继续若无其事地坚持既有的观点。休谟认为，一切我们所能知觉的东西无非是我们自己的私人体验，用它的话说就是"印象"，然而，我们认为，这些"印象"是对象，因此它们既有持续的存在——甚至在我们并未知觉到它们时，也是"持续的"——也有不同的（distinct）存在——"不同于"我们对它们的知觉。休谟认为，相信知觉对象之持续的和不同的存在是荒谬的，但我们禁不住持有这样的信念。休谟的确认为
24 "直接实在论"明显是错误的，但他只用了几句话来驳斥它。他告诉我们，如果你被"直接实在论"诱惑，那就揉一揉眼睛吧。如果"直接实在论"是真的，那么世界就是双重的。但世界不是双重的。唯一双重的就是我们的感觉予料或者印象[5]。我会在第三章详细批

判休谟的观点。

VII. 幻觉论证中的谬误

现在我想揭示幻觉论证中的谬误。有人可能会反驳幻觉论证中的多个步骤，但关键是第三步，这一步说，不论是在幻觉的情况下，还是在真实的情况下，我们都"觉知"（aware of）或"意识"（conscious of）到了**某物**。但这种说法是有歧义的，因为它包含了"觉知"的两层含义，我分别将其称作意向性的"觉知"和构造的"觉知"。如果对比这两种常识的观点，那么你可以看到其中的区别。首先，当我用力推这张桌子时，我觉知到了桌子。其次，当我用力推这张桌子时，我觉知到了手上的疼痛感。

（a）我觉知到了桌子。

（b）我觉知到了手上的疼痛感。

这两个命题都是真的，尽管它们看上去很像，但实际上却根本不同。命题（a）描述了我与桌子之间的意向性关系。我有一种感觉，在这种感觉中，桌子的呈现和特征是感觉的满足条件。在命题（a）中，"觉知"是意向性的"觉知"。但在命题（b）中，我唯一觉知到的东西是疼痛感本身。在这里，"觉知"是对体验之同一性或构造的觉知。我觉知到的对象和感觉是同一的。我只有一种感觉：对桌子的疼痛感。我觉知到了（同一性或构造意义上的）疼痛感，但我也觉知到了（意向性意义上的）桌子。

如果将上述理论运用到幻觉论证中，我们就会得出如下结论：在真实的知觉中，我确实觉知到了绿色的桌子，此外无他。但是，在幻觉中，情况又如何呢？就我在真实知觉中觉知到绿色桌子的意义上来说，在幻觉中，**我什么也觉知不到**。在日常意义上，当你完全处于幻觉中时，你什么都看不见，你觉知不到任何东西，你意识不到任何东西。但造成混淆的根源如下：在这种情况下，你有一种有意识的知觉体验，日常语言允许我们用一个名词短语来描述这种体验，并将这个名词短语看作"觉知"到的直接对象。在这种意义上，我觉知到一个视觉体验，但这种意义完全不同于意向主义的意义，因为，再重申一遍，视觉体验与觉知本身是同一的；它不是一个独立的觉知对象。在幻觉中，有意向内容但没有意向对象；有一种意向状态，但在其中，满足条件并未得到满足。

在最基本的层次上，整个论证都建立在"觉知"（aware of）和"意识"（conscious of）这两个英语表达式的双关性和歧义性之上。同一个表达式在两种不同的意义上被使用，其证据在于语义不同。我们来看一下如下这种形式的句子："主体 S 有对对象 O 的一个觉知 A。"在意向性的意义上，这一形式的句子具有如下结论：A 和 O 并不同一。A≠O。在意向性的意义上：A 是一个本体论上主观的事件，它将 O 的存在和特性呈现为其满足条件。但在构造或同一性的意义上：A 和 O 是同一的。**我们所"觉知"到的东西就是觉知本身**（A＝O）。

26 　　严格地讲，幻觉论证建立在一个歧义谬误之上。但如果我给读者留下这样的印象，那就会误导别人，即这里所谓的歧义性就像"bank"这个词所具有的歧义性，当我说"I went to the bank"这句话时，它的意思既可以是"我去了银行"，也可以是"我去了河边"。"觉知"与"意识"的歧义性与此完全不同。它们不是两个不同的词典义，就像"bank"这个词那样。毋宁说，不论是在幻觉中，还是在真实的知觉中，都有一个共同的现象。这里存在的一种诱惑就是，在幻觉中将视觉体验本身看作视觉体验的对象，但实际上根本不存在这样的对象。英语和其他欧洲语言允许我们犯这样的错误，因为我们总能为动词短语创造一个内受事宾语（internal accusative）①。维特

---

　　① "internal accusative"是指受事类型的内元。动词的宾格会根据语义上的差别分成不同类型，accusative 是指语义上的受事宾格，比如"画圈"。在"画了一个圆圆的圈"（画圈画得很圆的意思）这个表述中，"一个圆圆的圈"就是一个 internal accusative，从动作的角度对受事宾语进行了限制。

根斯坦的观点就是一个很好的例子：当我们误解了语言的逻辑时，哲学问题就产生了。但这个例子并不是词汇之歧义性的例子。语言学家对并列缩减（conjunction reduction）[①]的测试表明："我觉知到桌子"和"我觉知到手上的感觉"暗含着"我既觉知到了桌子，也觉知到了手上的感觉"。

我们之所以感到有必要在描述幻觉的"看见"（seeing）时应当在"看见"（see）这个动词上加引号，是因为，从意向性的意义上来说，在这种情况下，我们什么都没看见。如果我对桌子上的书产生了视觉幻象，那么实际上我什么都没看见。由于我"觉知"到了某物，所以我被诱使着用一个名词短语来形成"看见"的直接对象。我们由于使用了"看见"的歧义从而加重（compound）了"觉知"的歧义。这种从对世界中的本体论上客观的事态的描述向对本体论上主观的有意识的意向状态本身的描述之转换奠定了整个认识论传统的基础。而造成这一错误的根源就在于未能理解有意识的知觉体验之意向性。究竟为什么没有理解呢？显然，在真实的知觉与不可区分的幻觉之间明显存在某个共同的东西。毕竟，它们是不可区分的。如果你不知道这个共同的东西就是带有满足条件的有意识的意向体验，那么你很可能认为这个共同的东西本身就是知觉对象。也就是说，如果你不理解**体验**之意向性，那么你很可能认为，在幻觉中，体验就是**体验之对象**。我的图解表明，幻觉与真实的知觉具有相同的视觉体验类型和相同的意向内容，但它没有意向对象，而只有内在原因。这种转换就是：从知觉体验之指向对象的意向性转向将视觉体验本身看作视觉意识的对象。当我看到桌子时，我的确有意识体验，但这个意识体验是**关于桌子的**意识体验。意识体验也是一个实存者，但它不是知觉对象；它是对知觉行为的体验本身。

坏论证是关于意向性的一个非常一般的错误之示例，其根源在于

27

[①]　"conjunction reduction"，主要指结构上的缩减，比如："我去学校""他去学校"就可以进行并列缩减操作，变成"我和他去学校"。

混淆了意向性的本质，即混淆了意向状态的**内容**和意向状态的**对象**。在幻觉中，视觉体验有一个内容，它甚至可以具有与真实体验相同的内容，但它没有对象。一些作者所做的假设是：每一意向状态都必定有一个对象，但这就混淆了真的论断和假的论断，前者是说，每一意向状态必定有一个内容；后者是说，每一意向状态必定有一个对象。所有意向状态都有对象这一提法是完全错误的。一些作者甚至为无法满足的意向状态设定了一个作为特殊对象种类的"意向对象"。因此，例如，一个孩子相信他爸爸晚上会回家，他的信念的意向对象是他爸爸。如果他相信圣诞老人平安夜会来，那么，他的信念没有意向对象；他的信念有内容但无对象。一些哲学家为此感到不安，所以他们说，对于有关不存在的东西（nonexistent entities）之意向状态来说，存在一种特殊的意向对象。我当然希望这显然是一种混淆。无论如何，这都是一种混淆，稍后我们会考察它。现在我只想强调坏论证并非独一无二，它只是内容与对象之间众多一般混淆的一个例子。

熟悉幻觉论证之深远历史的读者可以仔细考察这一论证的各个步骤，从那些一再被重复的著名例子中发现相同的错误，例如弯曲的棍子（the bent stick）、椭圆的硬币（the elliptical coin）和麦克白的匕首（Macbeth's dagger）①。这些例子中的论证，把对体验本身的意识或觉知，一方面与其意向内容混淆在了一起，另一方面与对世界中的对象——意向内容指向世界中的对象——之体验混淆在了一起。然而，我只想表明，在第三章，我会通过（或许有点无聊的）五指练习（five-finger exercise）的例子来说明，同样的错误是如何折磨试图证立如下观点的传统论证的：一切我们所知觉的东西都是感觉予料。

①　本书第三章有对这几个例子的详细论述。关于这几个例子的讨论亦可参见：John. R. Searle，*Mind：A Brief Introduction*. Oxford University Press，2005，Chapter 10，"On Perception"，pp. 262-265。中译本参见：塞尔. 心灵导论. 修订译本. 徐英瑾，译. 上海：上海人民出版社，2019：259-262。

虽然"科学论证"也犯了同样的错误，但由于从表面上看并不明显，所以我打算详加说明。视觉科学试图回答如下问题：外部刺激如何引起有意识的视觉体验？它是通过对始于光感受细胞，继而持续到大脑皮层的各种机制之详细分析而给出答案的。答案就是：这些过程终止于一种有意识体验的产生，这种体验正是在大脑中得以实现的。然而，如此一来，似乎视觉体验是主体所能觉知、所能知觉到的唯一对象了。不过错误是相同的：视觉体验的意向性使体验成为对世界中的对象和事态的体验；但是，在主体觉知到了体验这种"觉知"的意义上，体验与觉知是同一的。在"觉知"的意向性意义上，主体同时也觉知到世界中的对象和事态。有一种体验，它将世界中的对象和事态作为其满足条件。我们既可以（在构造的意义上）"觉知"体验，也可以（在意向性的意义上）"觉知"世界中的本体论上客观的对象和事态，体验将对象和事态呈现为其意向的满足条件。这就是，一种体验，两种意义上的"觉知"。

接下来，我所谓的"坏论证"是指任何试图将知觉体验看作一个现实的或可能的体验对象的论证。我也会用这个表述来指论证的结论，即我们从来都无法直接看到物质对象。我必须说"现实的或可能的"，因为接受了坏论证之有效性的析取主义者反对第一个前提。他们认为，一个感觉予料就是一个可能的体验对象，但在真实的知觉中，它并非现实的体验对象。

VIII. 坏论证的历史后果

我曾经说过，否定直接实在论的后果是灾难性的，现在我想简要说明一下这一灾难是如何发生的。整个认识论传统建立在一个错误的前提上，即我们从来都无法直接知觉实在世界。这就如同人们试图在数并不存在的前提下发展数学。笛卡尔之后，哲学的核心问题是认识论问题。用洛克的话说，认识论问题与"人类知识的本性和界限"有关。但是，如果你否认直接实在论，你就不会直接知觉到世界中的对象和事态；这样一来，你又如何能够获得关于世界中的事实的知识呢？笛卡尔和洛克给出的答案是，我们对世界的知觉、我们的观念，给我们呈现了一幅事物如何在世界中存在的图景。这就好比我们一直在看电影，却无法走出电影院一样。我们之所以能获得关于世界的知识，是因为，在某些方面，图像与它们所呈现的事物相似。我们的原初性质的观念——例如洛克所谓的"坚硬、广延、形状、运动或
30 静止，以及数目"[6]——事实上与对象的原初性质类似。但是，我们的次级性质的观念——颜色、声音、味觉和嗅觉——与对象的实际特征并不相似，毋宁说，观念本身是由对象之原初性质的行为所引起的。这种观念存在许多错误，贝克莱指出了其中最严重的一个：如果一个人根本看不见，那么说两个东西在视觉上彼此相似就是毫无意义的。我们讨论的表象形式也需要相似，但这种相似是不可能的，因为相似关系中的其中一方是视觉或任何其他感官所无法知觉到的。所以表象观念是无意义的。观念不可能与对象相似，因为对象是不可见的。正如贝克莱所言，"观念只能与观念相似"[7]。（详见第八章）

　　在做出这一决定性的反驳之后，人们或许希望贝克莱会返回直接实在论。但他认为，幻觉论证——他提出了好几个版本——驳斥了一切形式的素朴实在论或直接实在论。因此，他提出了这样的理论：唯一存在的事物是心灵和观念。所有本体论的客观性都还原成了主观性。对象只是观念的集合。依照贝克莱，认识上的客观性是由上帝担保的。我们可以有客观的知识：院子里有一棵树，即使我们不看它的时候，它也存在，因为上帝始终在知觉着院子里的这棵树[8]。休谟并
31 不赞同贝克莱的宗教观点，但他认为贝克莱在如下这点上是正确的，即对象只是心灵中的"观念"，用休谟的话说，对象只是心灵中的"印象"。然而，即使休谟认为这种看法是正确的，我们也不能接受。我们坚持认为，对象具有独立于我们体验的存在，即使在它们未被体

验到时，也是持续存在着的。休谟解释了我们之所以会犯这种错误的原因：我们以为看到了像椅子和桌子这样的对象，但我们唯一知觉到的对象只是印象。由于我们认为椅子和桌子具有一种持续的和不同的存在，所以我们就得出一个荒谬的结论：印象具有一种持续的和不同的存在。休谟认为，对象有一种持续的和不同的存在，这一观点虽然乏善可陈，但我们却禁不住相信它。康德也认为，一切我们所能知觉到的东西都只是我们自己的主观体验——他称之为"表象"（representations），但他认为，认识上客观的知识是可能的，因为不可知的**自在之物**的世界为我们的表象奠定了基础，并为之提供了根据。

如果你认为我夸大了拒斥直接实在论所带来的后果，那么你可以试着设想一下，如果哲学史上的那些大哲学家都是直接实在论者的话，那么哲学史会是什么样子？例如，设想一下，如果康德的《纯粹理性批判》基于如下假设得以重写，即我们对自在之物有直接的知觉和知识，那么结果会如何？我不打算做这项重写的工作，但我认为，如果事情进展得顺利，那么我们一定会获得对自在之物的直接知觉。在本书中，我要搞清楚，接受这一假设会产生什么样的后果。在过去的几个世纪里，西方认识论在很大程度上都在不断重复这些错误。我会论证：我们要通过驳斥那些反对直接实在论的论证，并接受一种意向主义的知觉解释——直接实在论是意向主义的知觉解释的一个当然结论，由此与哲学史上的所有错误一刀两断。下一章，我会着手阐明这样一种意向主义的知觉理论。这一章很简洁，但我会在对知觉意向性进行解释之后，在第三章详细介绍意向主义的知觉理论。

32

注释

[1] Searle, John R. , *The Rediscovery of the Mind*. Cambridge, MA：MIT Press, 1992, 26ff.

[2] 如果"意向性"和"意图"（intending）没有任何特殊联系，

那为什么还要使用这个词呢？因为我们所使用的"intentionality"一词来源于德语中的"Intentionalität"，而"Intentionalität"又来源于拉丁语"intensio"。在德语中，"Intentionalität"的意思与"Absicht"完全不同，后者的意思是意图、打算。

〔3〕Searle，John R.，*Intentionality*.

〔4〕我之所以列举这些哲学家，是因为我曾经写到，没有一个过去的大哲学家有关于言语行为的理论，有人引用了一个我那时从未听说过的德国人阿尔弗雷德·莱纳赫（Alfred Reinach）的观点来"反驳"我，此人在20世纪早期有所著述。可能我的批评者会将莱纳赫和康德、莱布尼茨、黑格尔、笛卡尔、贝克莱、斯宾诺莎、休谟列为同道，但我不会这么做。在脚注中，我想表明哪些人可以算作"大哲学家"，他们就是我在上面所列的这些人。

〔5〕Hume，David. *A Treatise of Human Nature*，ed. L. A. Selby-Bigge. Oxford：Oxford University Press，1888，210-211.

〔6〕Locke，John. *An Essay Concerning Human Understanding*. London：Routledge，1894，84.

〔7〕Berkeley，George. "A Treatise Concerning the Principles of Human Knowledge." *A New Theory of Vision and Other Writings*，London：J. M. Dent & Sons，and New York：E. P. Dutton，1910，Section Ⅷ，116.

〔8〕有一个男生为初学哲学的学生编了一首打油诗来概括贝克莱的哲学。很多讲师超爱这首打油诗，但我估计学生们会觉得无聊：

> 曾经有一位年轻人，他说：
> "如果有人认为，
> 院子里空无一人时，
> 这棵树依然存在，
> 那么，上帝肯定会觉得非常奇怪。"
> 接下来，有人回答说：

"亲爱的先生，您的奇怪才显得奇怪呢！
我始终在这个院子里，
而这也是为什么树依然存在的原因，
因为，您忠实的上帝，始终在看护它。"

第一章附录 A：意向性理论概述

　　造成知觉哲学中许多错误的根源在于未能理解知觉体验的特定意向性。而之所以未能理解知觉体验的特定意向性，其根源又在于未能理解意向性的一般本质。这篇附录是对意向性理论的一个简要概述，并且指出了人们对意向性概念所持的一些最常见的误解。我对这些问题的观点在《意向性》（1983）[1] 一书中有更为详尽的阐述。

　　意向性是心灵的特征，借由这一特征，心灵被**指向**或**关于**或**涉及**世界中的对象和事态。意向性首先是人类和某些其他动物所共有的生物学现象，其最基本的形式是生物学上的一些原始形式，诸如有意识的知觉、意向行动、饥饿、口渴，以及诸如愤怒、性欲、恐惧等情感。意向性的派生形式是诸如信念、欲求和希望这样的东西。为方便起见，我使用"意向状态"（intentional state）这个词来指称所有意向性形式。尽管严格说来，有些意向性形式根本不是状态，而是事件、过程以及倾向（dispositions）。每一意向状态都由（意向）**内容**

和心理**模式**（psychological mode）组成。如果我**看到**天在下雨而且我也**认为**天在下雨，那么这两种意向现象——看见和认为，就分享了一个共同的（意向）内容，即天在下雨。但是心理模式——看见和认为，在两种情况下是明显不同的。

有必要强调意向性的**生物学**特性。许多哲学家认为，大脑中的一切东西如何能够与大脑之外的世界中的一切东西发生关联，这是一个谜。如果我们把注意力集中在诸如饥饿、口渴这些简单的动物感受上，那么这个谜就被解开了。动物感受是意向性的基本形式。所有意向状态无一例外都是由大脑过程所**引起**并在大脑中**实现**的。所谓的意向性之谜类似于更早的那些得到生物学解释的谜，例如生命和意识问题。惰性物质（inert matter）怎么会有活力？大脑怎么会是有意识的？就如生命问题现已被视为生物学问题而非活力论（vitalism）所能解释的问题那样，我相信意识和意向性问题同样是生物学问题，而非形而上学二元论所能解释得了的（问题），尽管我们对生物学的解决方案还一无所知。

哲学上最有趣的意向状态是把整个命题都作为（意向）内容。例如，信念和欲求始终把整个命题都当作其内容，尽管有时在报道意向状态的句子之表面形式中，这一事实被掩盖了起来。如果我说："我想要你的房子"（I want your house），那么这个句子似乎只指向一个对象。但事实上，它具有一个完整的命题内容，其意思大概是说：我想我要得到你的房子（I want that I have your house）。这么说的证据在于，具有"我想要 x"这种形式的那些陈述采用了修饰语，而这些修饰语只有在假定具有隐藏的命题内容时才有意义。因此，"明年夏天我想要你的房子"（I want your house next summer）这句话的意思大概是说，"我想明年夏天我要得到你的房子"（I want that I have your house next summer）。一切表达希望或欲求的陈述都会采用这样的修饰语，而这证明，只有在假定一个命题内容的情况下，这些陈述才能全部被理解。以整个命题作为其内容的意向状态常常被称作"命题态度"。这是一个糟糕至极的术语，因为它暗含着一种错误的观点，即意向状态是针对命题的一种态度。事实远非如此（Nothing could be further from the truth)。关于这一问题我将在后文详加论述。

使用意向性概念显然必须要弄清楚（意向）内容和（意向）对象之间的区别。许多知觉理论之所以会犯错是因为它们未能区分不同的知觉体验。例如，如果我看到面前有一个人，那么我的意向内容是：在我面前有一个人，而我的意向对象是这个人本身。如果我有一个相应的幻觉，那么这个知觉体验有内容但无对象。在这两种情况下，意向内容可以完全相同，但是内容的存在并不意味着对象的存在。坏论证系统地表明了它是如何将意向内容和意向对象混淆在一起的。它把决定我的知觉内容的视觉体验错误地当成了知觉对象。

意向状态通常以两个适应指向中的其中一个与世界相适应。知觉、信念和对事件的记忆应当与世界如何存在相适应。它们具有心灵向世界的适应指向。欲求和意向并不要求与世界如何存在相适应，而应与我们希望世界是什么样的，或者我们打算将它变成什么样的相适应。它们具有世界向心灵的适应指向。我用一些简单的比喻来说明这个问题。我用向下的箭头（↓）表示心灵向世界的适应指向，用向上的箭头（↑）表示世界向心灵的适应指向。只要一个意向状态具有一个完整的命题内容和适应指向，那么它就要么和世界相匹配，要么和世界不相匹配。而且，在这种情况下，我会说意向状态被满足了，或者未被满足。所以，**满足**是一个一般的观念，

36 而**真**是它的一种特殊情况。理解意向性的关键是**满足条件**。每一个具有完整命题内容和适应指向的意向状态都是其满足条件的一个表象（或者呈现）。

作为生物学现象，意向状态在我们的实存中是因果地发挥作用的。一些意向状态具有内置于其意向结构的因果条件。所以，实施一个行动的**在先**意向仅在该意向促使主体做了他打算做的事情时才得到了满足。而一个知觉体验仅在被知觉的事态引起了知觉体验时才得到了满足。在这两种情况下，因果关系都是满足条件的一部分。我把这

样的意向现象叫作"因果自反的"（causally self-reflexive）[2]，因为，作为其满足条件之一部分的（意向）状态本身需要对（意向）状态发挥因果作用。知觉体验和实施行动的意向都是因果自反的。但是它们具有不同的适应指向和不同的因果指向。在知觉中，适应指向是心灵向世界的，而因果指向则是世界向心灵的。在意向中，适应指向是世界向心灵的，而因果指向则是心灵向世界的。所有这些指向关系都将在后面所附的图表中得到完整刻画。

意向状态，如信念和欲求，几乎从不孤立地产生。因此，例如，如果我相信奥巴马是总统，那么为了使这一信念有意义，我就必须同时具有许多其他信念。例如，我必须相信美国有一个政府，它实行的是共和政体，它通过总统选举来选出政府首脑，总统是政府的行政机构领导人，等等。我可以用**网络**这个词来说明这一点：意向状态只在一个意向状态的网络中才起作用，并决定其满足条件。这对知觉当然是真的。现在我看到面前有一棵树，而且我知道，这是加州海岸的红杉，而且我确实看到它是这样的一棵树。但是，为了看到它，我必须具有一些相关的信息，这些信息构成了一个信念之网。除了信念之网外，还需要意向性得以发挥功能的一套特定的背景能力（Background abilities）。例如，如果我打算去滑雪，那么我就必须具备一套背景能力和一些特定的能力（capacities）——滑雪的技能、抵达滑雪场的能力，等等。

在知觉中，现象学与意向内容之间的关系十分复杂。在多数情况下，例如看见红色时，或者感到桌子的光滑时，现象学完全规定（fix）了意向内容。但是意向性的变化通常会导致现象学的变化。如果我认为我所看到的对象是一所房子，那么这时的现象学就不同于当我认为我所看到的对象是一所房子的外观时的现象学，尽管在这两种情况下，光刺激是完全一样的。如果我认为我正在看的是**我的**车，那么在我看来，这辆车就不同于同一制造商在同一年度制造的其他那些类型同一的车。

这里有十个看似普通但却十分严重的错误应当避免。由于我在处

37

理知觉意向性的时候不时地会碰到这些错误，所以我不得不一一提及。

1. 内容与对象

首先应当避免的一个最重要的错误就是将（意向）内容与（意向）对象混淆起来。两个知觉体验可能具有类型同一的内容，但其中一个有对象，而另一个则没有。正如我已经说过的那样，这一点适用于对一个对象的知觉和与此相应的幻觉。知觉是被满足的，而幻觉则是不被满足的。它们可以具有完全相同的内容，但知觉有对象，而幻觉则没有。

2. 意向对象

38　　　与上述将（意向）内容和（意向）对象混淆起来的错误相关的一个很常见的错误是认为每一意向状态都有一个意向对象。然而，就关于非存在对象的信念而言，有一个对象，它有一种存在——布伦塔诺把这种存在叫作"意向的内存在"[3]——这些意向对象，也即意向状态的对象，不应被看作世界中的现实对象，而应被看作当我们有一个信念时在我们心灵中存在的对象。无论实在世界中是否存在一个相应的对象，这些对象都存在于我们的心灵中。这是一个灾难性的错误，因为它使我们无法认识到，当世界中确实存在这样一个对象时，现实的信念确实具有意向对象。所以如果我相信奥巴马是总统，那么我的信念的意向对象是奥巴马本人，而不是什么心理的东西。但是孩子们相信圣诞老人会在圣诞前夜来临这样的信念该做如何解释呢？在这种情况下，**没有意向对象**。这个信念的确具有（意向）**内容**，但却没有（意向）**对象**。

3. 命题态度

根据标准的但却是错误的观点，意向状态是行动主体（agent）与心理表象（通常是命题）之间的关系。因此，例如，如果我相信奥巴马是美国总统,那么基于上述错误的观点,我就处于一种相信与命题"奥巴马是美国总统"之间的关系中。这也就是为什么这类(意向)状态被称为"命题态度"的原因,因为刻画的是主体与命题之间的关系。如果我相信奥巴马是总统,那么我就持有针对这一命题的一种态度。

我曾经认为"命题态度"这样的术语是无害的,但事实上,它几乎不可避免地成了灾难性的错误。它对意向性的解释恰恰是错误的。如果我相信奥巴马是总统,这里确实存在一种关系,但是这种关系是我与奥巴马本人之间的,而不是我与命题之间的。我压根儿没有朝向这个命题的态度。一些信念是朝向命题的态度。如果我相信"伯努利原理"(Bernoulli's principle)① 是无聊的,那么我确实对一个命题——那个陈述了伯努利原理的命题——采取了一种态度:我认为它是无聊的。但是这是一个不同寻常的信念。我们的大部分信念不是关于命题的。它们是关于人、对象、事态等等的。在我们当下考察的信念中,命题不是信念的**对象**,而是信念的**内容**。的确,正确地来看,命题就是信念本身。奥巴马是美国总统的信念恰恰就是那个被相信的命题。在行动主体和表象之间不存在更深层的关系。在这种情况下,信念就是被相信的表象。

4. 作为抽象实存者的命题

另一个相关的错误源于这样一个事实:在某种意义上命题是"抽象的实存者"。假定我看到天在下雨,并且我相信天在下雨,那么,在一些关键方面,我的视觉体验和我的信念具有相同的命题内容。但是,如果就此假定,一个抽象的实存者,也即命题,必须被看到(例如,视觉体验),或者必须是思想的一部分(例如,有意识的信念:天在下雨)的话,那么这就错了。这实在是一个不可救

① 丹尼尔·伯努利(Daniel Bernoulli, 1700—1782),瑞士物理学家、数学家、医学家。他在 1738 年出版的《流体动力学》一书中提出,在一个流体系统,例如气流、水流中,流速越快,流体产生的压力就越小,史称"伯努利原理"。

药的错误，我都羞于去纠正它。然而，我不得不这样做。以下就是
我的观点。谈论一个抽象的实存者是一种说话的方式，借此我们描
40　述视觉体验和思想共有的东西。它是对一组特定满足条件的刻画。
但是，视觉体验和思想都是在大脑的具体生物学现象中实现的。如
果它们不是具体的东西，那么它们就不可能在我们的行为中发挥因
果作用。谈论命题就是在不同的生物学现象中抽象出一个共同特征
的方法。如果我去伯克利山散步，而你也去伯克利山散步，那么我
们就可以谈论一个共同的东西："相同的散步"。但是，这并不意味
着，散步与一个抽象的东西有关。这仅仅是一种说话的方式，这种
说话方式可以让人们谈论某种共同的东西。但是，与意向状态类
似：相对于不同种类的状态，我们需要谈论一个共同的内容。在我
们当下所考察的例子中，我既看见天在下雨，又认为天在下雨。但
这不会把视觉体验和有意识的思想转化为抽象的东西，而且它们也
不是与抽象之物的关系。一个人可以抽象出一个共同的命题内容，
并且可以独立于其实现方式来讨论它，这一事实并不表明它缺少一
种具体的实现。

　　如果你犯了这些错误，那么它们就规定了一种特定的意向性概
念。意向性始终是由某种表象所构成的，而具有意向状态的人也与这
些表象具有某种关系。例如，反对意向主义的知觉理论的约翰·坎贝
尔也基于如下理由反对上述意向性概念：依照这样一种意向性概念，
具有一个知觉就好像在读一份关于实在世界的报纸[4]。如果你认为所
有意向性都是与一个表象之间的关系，而意向性的对象就是表象的
话，那么，依照意向主义的知觉解释，幻觉中的觉知（awareness）
就必须与真正的知觉中的觉知具有相同的对象。在这两种情况下，人
们只是觉知到了表象。依此观点，你可能会认为，一个意向主义的知
41　觉解释包含了对素朴实在论或直接实在论的否定。这种意向性概念
是完全错误的。本书的一个主要目的就是要给出一种知觉解释。就
知觉体验而言，这一解释必定会反对上述那种错误的意向性概念。
知觉体验是其满足条件的直接呈现，它们被体验为由其满足条件所

引起的。

5. "条件"中的模糊性

条件和满足条件的观念在要求（requirement）和所要求之物（the thing required）之间是完全模糊的。如果我相信天在下雨，那么为使此信念为真的要求是天在下雨。但是，满足该要求的世界中的事实是世界中的条件，即**天在下雨这一事实**。这是语言中常见的一种模糊性，在语法书中通常被叫作"过程—结果"（process-product）之模糊性。"条件"（尤其是"真值条件"）、"标准"和"测试"都具有相同的模糊性。而语境通常足以消除这种模糊性。当语境不足以消除这种模糊性时，我会解释"满足条件"这个表述是在何种意义上被使用的。

6. 表象与呈现

尽管所有具有命题内容和适应指向的意向状态都是其满足条件的表象，且其中一些表象是呈现。当我在思考某个事物时，我的思想是我正在思考的东西的表象。但是，当我直接知觉它时——例如，当我看见它时，那么，我的视觉体验实际上是所见对象或事态的呈现。我会在下一章对此详加讨论。

7. 独立的观察者和与意向性相关的观察者

人类和动物的心理状态具有独立于一切外部观察者态度的意向性。如果我相信天在下雨，那么不管他人做何感想，我都具有这样一种信念。如果信念不是那种信念，那么心理状态就不可能是那种心理状态，从这种意义上来说，特定的信念对于特定的心理状态来说是本质性的。但是人类还具有将意向性施加于句子、图片、图形以及其他种类的表象之上的能力。这些东西也具有意向性，但其意向性是派生的，或者说，是与观察者相关的。"It is raining"（天在下雨）这个句子只有对于说英语的人而言才具有意向性。然而，我的信念"天在下雨"则具有一种本质的或独立于观察者的意向性。

只要存在一个与观察者相关的现象——例如语言、财产、金钱、政府和大学，那么，在其存在方式中就有一个本体论的主观性之元素。某个东西之所以是一个英语句子或者是一种美国货币，只是因为人们对其持有某些态度。这些态度在本体论上是主观的。当前讨论的核心是，一个区域的本体论之主观性并不会妨碍我们形成有关该区域的一套认识论上客观的陈述。"It is raining"是一个英语句子这一事实是本体论上主观的。但是从认识论上来说，这是一个英语句子显然是一个完全客观的事实。

8. 意向性是我们生物学的一部分

一个常见的错误是认为意向性是一种神秘的东西，而且我们必须通过将其还原为另一个东西来解释其可能性。然而，意向性是一种生物学现象。如果你认为它必定非常神秘的话，那么就请你想一想意向性的那些简单的生物学形式，例如感到饥饿或者口渴。动物感到饥饿（一种意向状态）这一事实不比动物有意向地吃东西（一种意向行动）这一事实更神秘，这两个事实也不比动物消化它们所吃的食物这一事实更神秘。我们在所有层次上讨论的都是生物学。意向性在本质上根本不是什么神秘之物。

9. 意向的因果关系

当一个意向状态的意向内容在一种因果关系中要么作为原因要么作为结果起作用时，意向的因果关系就出现了。在身体性的意向行为中，意向内容作为身体运动的原因而起作用。在知觉中，被知觉的事态作为对这一事态的知觉体验之原因而起作用。在本书第四章和第五章，我将表明呈现的意向因果关系是理解知觉意向性内容的关键所在。

在哲学中广泛流传着一种十分不恰当的因果关系观念，在我看来，这一观念完全拜休谟所赐。这一观念认为，因果关系始终是时间上有序的、离散的事件之间的关系，并且始终示例一种普遍的法则。相反，我认为，因果关系几乎无所不在，而且是恒常的。有四种基本力，它们是弱核力、强核力、引力和电磁力。它们中没有一个是离散事件。它们是普遍的、无所不在的。人们在日常生活中所遇到的大部分因果关系都不示例什么法则。例如，试想一下造成当前经济衰退的原因，或是共和党在 2012 年大选中落败的原因，或是苹果电脑取得成功的原因。所有这些原因都有可以用各种表示法则——例如引力法则——的词汇来描述的成分，但不存在任何使用诸法则的术语来适应因果关系的法则。这不是一本关于因果关系的书，我只是想提醒人们注意这一事实：当我们自己的有意识的心理状态要么作为原因要么作为结果起作用，并且是凭借其意向内容而起作用时，我们对因果关系的主要体验就产生了。本书后续部分将对此问题详加讨论。

10. 网络与背景

另一个常见的错误是认为，意向状态是原子化地起作用的——一个时间点就是一个意向状态。但是，通常对于人类而言，意向状态只是作为由其他意向状态所构成的网络的一部分而出现的。例如，如果我相信奥巴马是美国总统的话，那么我就必须同时相信其他许多东西。如果我想去滑雪，那么我也必须同时既想要很多东西，也相信很多东西。此外，我还必须预设一个能力背景，因为正是这些能力使得这些意向状态能够规定其满足条件。理论家们或许想要一个一般性的陈述，这个陈述就是：一般而言，意向状态只基于一个前意向的能力背景，在一个意向状态的网络中规定其满足条件。我始终未能在网络与背景之间做出原则性的区分，而现在我认为，这在理论上是不可能的。然而，不论就网络，还是就背景而言，对它们的直观的观念已经足够清楚了。

我可以用图表以最简明的方式来概况意向性中的许多基本关系。如果你能完全理解这张图表，那么你将比许多专业哲学家更好地理解

意向性。（向下的箭头↓表示心灵向世界；向上的箭头↑表示世界向
心灵。）

	认知			意志		
	知觉	记忆	信念	行动中意向	在先意向	欲求
适应指向	↓	↓	↓	↑	↑	↑
因果指向	↑	↑	不适用	↓	↓	不适用
是否因果自反性的?	是	是	否	是	是	否
呈现或表象	呈现	表象	表象	呈现	表象	表象

注释

[1] Searle, John R. *Intentionality：An Essay in the Philoso-phy of Mind*. Cambridge：Cambridge University Press，1983.

[2] 原先我把它们叫作"因果自指的"（causally self-referen-tial），但这一术语会给一些人造成误导，以至于使他们认为我主张（意向）状态实施了一个指涉自身的言语行动。为了避免此类误解，我倾向于使用"因果自反的"这个术语。

[3] Franz Brentano. *Psychology from an Empirical Standpoint*, ed. Linda L. McAlister (Milton Park, Abingdon, Oxon.：Routledge, 1995)，p. 152.

[4] Campbell, John. *Reference and Consciousness*. Oxford：Oxford University Press，2002，p. 122.

第一章附录 B：意识

任何对知觉的解释必须包含对有意识知觉的解释。而任何对有意 46
识知觉的解释则必须包含或者至少预设一种一般的意识解释。这篇简
短的附录包含了对人类和动物意识的一种解释。这样做很重要，因为
相较于哲学中的任何其他论题，对意识的误解或无知实在数不胜数。
在我们着手对知觉给出一种根本的解释之前，首先要避免这些错误。
我的解释十分简明，因为它只是我已在别处所做论证的一个概述[1]。
熟悉哲学史的读者会意识到，我的解释包含了对于所谓的"身心问
题"的一个"解决方案"。

1. 意识的定义

人们时常说，意识是很难被定义的。然而，如果我们只是谈论一
种常识性的定义，以确定分析的目标，那么这样的定义就相当容易
了。意识由我们的一切感受或感觉或觉知状态（过程、事件，等等）
所构成。当我们从无梦的睡眠，或其他形式的无意识（状态）中清醒
过来时，这些状态就以一种典型的方式展开，并一直持续到我们重 47
新变得"无意识"。梦是意识的一种形式，但它与醒觉的意识相当

不同。意识的根本特征是：对于任何一种意识状态而言，似乎总有某种东西存在于那种状态中。意识的本质在于：（1）对任何意识状态而言，都存在一些体验的性质，从这个意义上说，意识是**定性的**（qualitative）；（2）仅当意识被一个人或动物主体所体验到时它才存在，从这个意义上说，意识是本体论上**主观的**；（3）我们的一切有意识状态都是作为一个统一的意识领域之一部分而给予我们的，从这个意义上说，意识是**统一的**。我曾认为，定性、主观性和统一性是分离的现象，但现在我认为，它们是相互关联的，前者蕴涵（imply）后者，总和起来，它们就构成了意识的本质。体验的定性特征蕴涵本体论的主观性，而这二者又共同蕴涵统一性，因为，如果设想你当下的有意识领域被分成了十七个部分，那么你所拥有的将不会是由十七个块片所组成的一个有意识领域，而是十七个独立的有意识领域。

2. 意识的特征

通过上述方式所定义的意识有许多特征，但是就我们的目的而言，下面这几个才是最重要的。我之所以强调它们，是因为它们常常在哲学文献中被否认。

（1）意识是实在的和不可还原的。你不能像表明日落和彩虹是幻觉那样表明意识也是一种幻觉，因为，如果你有意识地具有这样的幻觉，即自己是有意识的，那么你就是有意识的。幻觉和实在的区分预设了事物如何通过意识向你显现和它们实际如何存在之间的区分。但是，就意识的实存而言，你无法做出这样的区分，因为你对意识的有意识的幻觉就是意识的实在。

因为意识具有主观的或第一人称的本体论，它不能被还原为任何具有第三人称的或客观的本体论。

（2）所有如此定义的有意识状态都是由大脑的神经元过程引

48

起的。我们不知道这一过程是如何具体运作的，但是以我们现在对于神经生物学的理解，意识无疑是由神经生物学过程引起的。尽管意识在本体论上是不可还原的，但是在因果关系上则可以被还原为大脑过程。这是什么意思？这意味着所有意识特征无一例外都是由大脑中的神经生物学过程引起的。

（3）我们的一切有意识状态毫无例外地都在大脑中得以实现。所有已知的意识状态存在于人类和动物的大脑中。或许某一天我们可以利用无机材料发明有意识的机器，但是目前已知的意识只存在于人类和动物的神经系统中。

（4）具有一切过于敏感的（touchy-feely）、"神秘的"、本体论之主观特征的意识是实在世界的一个生物的因此也是物理的一部分。就此而言，它与物理世界的其他部分形成了因果关系。因此，举例来说，我的一切有意识的知觉都是由知觉刺激对我的神经系统的影响在我的大脑中引起的。而这些知觉反过来又与其他那些或者有意识或者无意识的过程一起引起了我的物理行为。例如，我看到了面前的啤酒瓶，所以我伸出手，拿起酒瓶，喝啤酒。有些人依然认为，意识在本体论上的不可还原性致使意识不是物理世界的一部分。他们错了。我伸手拿啤酒瓶是一个有意识的意向行动，我的活动是由我的有意识的意向所引起的。但是，任何引起这一活动的东西都必定会引起乙酰胆碱——身体活动所必备的神经递质——的分泌。所以，定性的、主观的、过于敏感的有意识状态必定具有一个低阶的描述，在此描述中，它是一个引起乙酰胆碱分泌的生物学过程。我的汽车引擎具有一个高阶描述和一个低阶描述。依照前者，气缸中空气的爆炸引起了活塞运动；依照后者，有机分子氧化释放出热能。这就是我的汽车引擎的工作原理，事实如此，毫无任何神秘之处。

（5）一切有意识的知觉体验都是作为整个意识领域的一部分而发生的。提醒我们自己始终注意这一点很有必要，因为一些讨论知觉的作者认为有意识的知觉体验是孤立存在的。事实并非如此。如果我没有众多其他的有意识状态作为我的整个主观的有意识领域的一部分的话，那么我就不能有意识地看到面前的啤酒瓶。

3. 知觉理论中对意识的一些错误解释

在知觉理论中，对我刚才提出的这些观点有两种替代方案。其一，知觉意识并不存在。这一观点如此令人难以相信，以至于很难想象有人可以为之辩护。否认意识存在的人并不会直截了当地说"意识不存在"或者"知觉意识不存在"，而是会说，意识实际上是其他什么东西。丹尼尔·丹内特（Daniel Dennett）认为，意识实际上只不过是在大脑中运行的计算机程序。约翰·坎贝尔认为，有意识的知觉只不过是知觉者与被知觉对象之间的一种直接关系。依照坎贝尔，在知觉中，仅有的一些元素是：知觉者、被知觉的对象，以及观察视角（point of view）[2]。我将在第六章更加详细地讨论他的观点。

其二，知觉意识可以在大脑外部存在。我认为这一观点同样令人难以置信。阿尔瓦·诺伊（Alva Noë）在其论文《无脑的体验》中便持有这种观点[3]。诺伊给出了几个例子和论证，试图表明，**内容**，即我们知觉体验的意向内容，常常是由我们自己、我们的秉性（dispositions）与环境之间非常复杂的关系所决定的。他的结论如下："这是一种开放的、经验的可能性：我们的体验不仅取决于在我们的大脑中被表象的东西，而且也取决于大脑、身体和环境之间动态的相互作用。体验的基质或许包括无脑的身体和世界。"[4] 这里的问题是，第一句话并不蕴涵第二句话。的确，我们的体验不仅取决于在我们的大脑中被表象的东西，"而且也取决于大脑、身体和环境之间动态的相互作用"。我认为这一点是显而易见的。但是，我们的体验内容取决于"动态的相互作用"这一事实绝不蕴涵任何关于体验之**基质**的东西。如果体验的基质意指的是它所应当意指的东西——体验如何被实现——的话，那么，定性的、有意识的主观性根本不可能在我现在所见的桌子中，或者包围着桌子的空气中得以实现。切记，当 *51* 你谈论有意识状态时，你所谈论的是具有空间位置、时间始终、空间维度以及各种各样电化学性质的现实的、经验的物理事件。关于这一点不存在任何问题。这些事件确实是"动态的相互作用"的结果，但这并不与如下观点相冲突，即动态的相互作用"在大脑中被表象"。错误在于认为，这将有可能表明定性的主观性是飘浮无据的。非也。意识位于人类和动物的大脑中。第一个句子隐含着一个错误的反对意见。在我们的大脑中被表象的东西也完全可以是大脑、身体和环境之间动态的相互作用。尤其是身体和环境之间动态的相互作用会对我们的神经系统产生影响。例如，不同神经元构造（neuronal architectures）中不同的神经元结构（neuronal structures）以不同的速率放电（fire）。这样的过程足以产生一切形式的意识。那么问题应当是什么呢？

　　反对意识存在于大脑之外的关键论证是：就像世界的任何其他高阶的生物学特征，例如消化作用、光合作用或哺乳作用一样，意识也必须处在一些生物系统中。例如，它必须在一些由细胞所组成的系统中被实现。或许我们可以在非有机系统中创造意识，但是生物学原则是一个更一般的原则的实例，这个更一般的原则表明，一切高阶特征——诸如水的流动性、桌子的固态性和钢筋的弹性——必须在低阶元素中得以实现。如果我们认为意识存在于人类和动物的神经系统之外，例如，飘浮在空气中或者桌子的结构中，那么我们必须假定，空气分子和桌子的分子正在实现意识。这种观点不值得认真思考。

注释

[1] Searle, John R. *The Rediscovery of the Mind*. Cambridge, MA：MIT Press，1992. Searle, John R. *The Mystery of Consciousness*. New York：The New Review of Books，1997.

［2］ Campbell，John. *Reference and Consciousness*.

［3］ Noë，Alva. "Experience Without the Head." *Perceptual Experience*. J. Hawthorne and T. Gendler，eds. Oxford：Oxford University Press，2006：411-433.

［4］ Ibid.，p. 429.

第二章　知觉体验的意向性

我在前文中已经谈到了过去几个世纪以来西方哲学中最大的一个错误的历史。正如我所描述的那样，造成这个错误的根本原因在于未能理解知觉体验的意向性。具体是怎样的呢？在有意识的知觉中存在两种现象：一种是存在于大脑中的、本体论上主观的、有意识的知觉体验；另一种是在被知觉的世界之中，尤其是不在头脑中的、本体论上客观的事态和对象。如果你不能理解体验是对事态的一种直接的、意向性的呈现，那么你很可能会认为在知觉中只存在一种东西，这种东西要么是被知觉的事态，要么是被知觉的体验本身。毕竟，只存在一种体验！从笛卡尔到康德以来的那些伟大的哲学家认为，知觉的对象是主观体验本身。许多哲学家相信有一个独立存在的对象，他们认为，如果在知觉中存在两样东西——体验和客体——的话，那么它们各自都必须被知觉到。

在近来被称作析取主义的一种理论的追随者中，有人认为，不论是在真实的知觉中，还是在幻觉中，都不存在任何共同的主观体验之内容。析取主义是一种非常奇怪的理论，我将在第六章详加论述。现在，我将提出一种意向主义的知觉理论。我想如果我们能弄明白知觉体验的意向性的话，那么大多数哲学问题就都会迎刃而解。我的知觉理论会对两种错误的观点构成威胁：一是主观体验本身就是知觉的对象（坏论证），二是根本不存在为幻觉和真实的知觉所共有的主观的知觉体验（析取主义）。

哲学家们常常举一些过于简单的视觉例子来说明问题，他们尤其喜欢谈论这样的事情，例如，看见西红柿（普赖斯）[1] 或者看见一块蜡（笛卡尔）[2]，这使得整个哲学传统饱受磨难。让我们来描述一个更为现实的场景：我正站在伯克利家中楼上的书房里看着旧金山海湾。我在前景中看到了伯克利市，海湾在背景处，旧金山市、金门大桥、半岛的山都在遥远的地平线上。在离我最近的前景中，我也看见了正在使用的桌子、亮着屏幕的电脑、放在桌子上的各种书籍和论文，还有我的狗塔尔斯基，它坐在地板上依偎着我的双脚。这是一个连续的视觉体验，我可以任意转移我的注意力。我甚至可以在眼睛不动的情况下转移我的注意力。我可以把我的注意力集中在这一场景的不同面向上。有时，为了简便起见，我会在讨论中只将注意力集中在某些特定的元素上，例如，看见桌子，但是当我们继续知觉的同时，我们应当记住这一场景的复杂性。

I. 关于知觉意向性的怀疑论

54

一些作者曾经甚至怀疑知觉体验——作为在视觉系统中形成的定性的、本体论上主观的体验——之存在。我首先要做的工作是确立知觉体验的存在。设想你正在观看旧金山海湾的风景，当你闭上眼睛时：某个东西停止了，但是客观的视觉景象并未停止，它仍然在持续。停止的只是你看风景的行为。当你停止看风景时，什么东西停止了？很多东西都停止了。但是，最明显的莫过于你不再拥有视觉体验了，原因在于，眼前的风景不再产生对视网膜的刺激，而正是这些刺激最终（大约在 500 毫秒之后）引起了视觉体验。再重复一遍之前的观点：视觉景象既包括本体论上客观的、被知觉的事态，也包括本体论上主观的、在头脑中进行的体验。我无法想象一个哲学家如果理智健全的话，他怎么会否认这二者中的任何一者。不过，我必须得说，它们总是以这种或那种方式被否定了。

还有一些作者认为视觉体验缺乏意向性。这种观点着实让我吃惊，因为知觉体验（与意向行动，以及诸如饥饿和口渴这样的生物学上原始的形式）是意向性的范式，其他意向性形式——例如信念——在很大程度上是从知觉体验的意向性中派生出来的。举例来说，我之所以**相信**在旧金山海湾有一些船只，是因为我**看见**有这样一些船只。视觉体验之生物学上首要的意向性是我形成具有这一意向内容之信念的基础[3]。

鉴于这一观点是有争议的，所以我们不能简单地通过假定知觉体验有意向性来为自己辩护。现在，就让我们来为这一观点做辩护。第一步，我将要求怀疑论者给出意向性的定义。依照标准定义，意向状态是指那些或**涉及**或**关于**或**指向**世界中的对象和事态，尤其独立于意向状态本身的那些状态。视觉和其他知觉体验显然满足这个定义。当我观看我之前所描述的景象时，我的各种体验是直接——这里没有任何比喻的意思——关于我所见的对象和事态的，例如树、海湾、桌子、电脑和书籍，等等。依照对"指向"这个词的喻义（metaphor of direction）之日常理解，体验指向对象和事态。说体验是**关于**对象和事态的，这话听起来不太自然，因为体验是呈现而非表象，这是我马上会谈到的一个关键点。总之，视觉体验满足标准的意向性定义。

然而，怀疑论者可能依然会反驳说，我的论证基于一种语法幻觉。"我相信 p"这种形式的句子的语法很像"我看见 p"，而这就造成了一种幻觉：视觉是意向性的。但是，如果我们认真对待这种怀疑论的话，那么我们会通过一些步骤表明，那些用来定义意向性的特征是视觉体验的特征。正如当我拥有一个信念时，在我看来，信念表象了事物在世界中存在的方式。当我拥有一个视觉体验时，在我看来，世界就以我正在知觉它的方式存在。当然，正如我可以发现我的信念是错误的，我也可以发现我的视觉体验是不真实的。在这种情况下，也正是在与如下情况相同的意义上——如果我的信念为假，那么它们未被满足；如果我的欲求没有实现，那么它们也未被满足。如此类推，其他标准的意向性形式亦如此——我拥有一个未被满足的视觉体验。简言之，视觉体验有四个特征满足意向性的标准：

1. 意向内容。知觉体验的实际体验特征具有意向性的一切特征。至少从视觉上来说，如果我不觉得旧金山海湾就在我面前，其他一切我之前提及的东西也都不在我面前的话，那么我就不可能透过窗户看到我面前的一切。现在，**看上去**（seeming）是意向性的一个标志。在视觉体验中有一个**内容**。至少，如果你不觉得你看见了旧金山海湾的话，即使你认为这是一个幻觉，那么你就不可能具有这种体验。所以我的第一个观点是，你的知觉体验的纯粹现象学、纯粹的体验特征给了你这样一个印象：**这就是事物如何存在的方式**。这也是意向性的一个确定的标志。我会使用"内容"这个蹩脚的比喻来总结这一观点：知觉体验具有**意向内容**。

2. 适应指向。意向状态以许多不同的方式与其满足条件关联在一起。信念应该表象事物如何在世界中存在，信念应该适应世界。欲求和意向不应该适应预先存在的实在，恰恰相反，如果要说满足的话，应该是实在匹配或满足欲求或满足意向。就第一个范畴"信念"而言，我们可以说，它们具有心灵向世界的适应指向。就第二个范畴"欲求和意向"而言，它们具有世界向心灵的适应指向。对信念而言，信念在心灵中。如果它实现了，那么它应该与世界相匹配。对欲求而言，如果心灵中的欲求实现了，那么世界应该与欲求的内容相匹配。

鉴于不同适应指向的区别，知觉体验明显有一个适应指向。与信念一样，我的知觉体验的适应指向是心灵向世界。与我的欲求和意向不同，我的知觉的目的不是改变世界以与我的体验内容相匹配，毋宁说，我的知觉体验呈现了世界如何存在的方式。因此，知觉体验既有内容，也有适应指向。

与信念和陈述不同，我们不会说我们的视觉体验是真的或假的，但这是因为它们是呈现而非表象。真与假通常被用作命题的表象，诸如信念和陈述，但我们需要一个词来描述知觉的成功与失败，正如我之前评论过的那样，哲学家使用有点蹩脚的词"真实的"（veridical）来意指与信念和陈述中的真相对应的知觉特征。

3. 满足条件。从我之前所言明显可以看出，诸如信念、意向和欲求这样的知觉体验将要么被满足，要么不被满足。世界将要么以我通过知觉所看到的那样存在，要么不是。再重复一遍之前得出的观点：即使在我知道知觉体验是幻觉的情况下——例如，在著名的"米勒-莱尔错觉"（Müller-Lyer illusion）（图 2 - 1）中——我仍然觉得两条线的长短不一。这就意味着，我的知觉体验的满足条件是它们的长短不一，虽然实际上我知道那些满足条件事实上并未得到满足。

所以，现在我们揭示了知觉体验的三个特征，它们足以刻画意向性，这三个特征是：内容、适应指向和满足条件。内容决定了世界的哪些特征被知觉体验所呈现；适应指向显然是心灵向世界的；满足条件是由内容确定的。

58

图 2 - 1

4. 因果自反性。知觉意向性——类似记忆和在先意向，但与信念和欲求不同——以意向状态和外部世界之间的因果关系作为其满足条件的一部分。我们可以只用一句话来说明这一点，即，意向状态未被满足——我们并不是以能够满足意向内容的方式去知觉这个世界的——除非世界的存在方式使我们以那种方式去知觉它。因果自反性的特征是知觉体验之意向性内容的一个关键特征。正如我所说，记忆、在先意向和行动中意向也具有这一特征，但它不是意向性的一个普遍特征。如果我相信萨莉（Sally）是共和党人，那么我的信念可以为真，即使萨莉之为共和党人并未引起我的这一信念。如果我打算与一个共和党人结婚，而且我确实娶了一个共和党人，那么我的愿望得到了满足，即使愿望不是婚姻的原因。但是，如果我看到了面前这张绿色的桌子，那么仅当桌子的呈现和特征引起了我用语言"我看见了桌子"所描述的视觉体验时，我才确实看到了这张桌子。知觉体验的意向内容具有因果自反的特征。

简言之，视觉体验不仅满足意向性的定义，而且具有意向性的一切形式特征。它有规定满足条件的内容，它有适应指向。由于内容必须设定条件，所以，视觉体验与信念、欲求、意向和记忆一样，要么被满足，要么不被满足；要么成功，要么失败。视觉体验还有另一个特征，这一特征只为部分而非所有意向性形式所有：它们的满足条件是因果上自反的。除非明显被知觉的对象和事态引起了知觉它的体验，否则体验不会被满足。

关于视觉体验之意向性，我还没有给出那个最为深刻的论证，在当今时代，许多哲学家很难理解这一论证。之所以这么说的理由在于，他们错误地认为，虽然这一论证的确是**支持**知觉意向性的最强有力的论证，但它同时也是**反对**知觉意向性的一个论证。我把这一论证称作"透明论证"（Argument from Transparency），其基本内容是这样的：如果你想描述你头脑中主观的视觉体验，那么你将会发现，你对主观的视觉体验所给出的描述与你对世界中的事态的描述是完全相同的。主观的体验是通过"我好像看到了旧金山海湾……"这样的句子来描述的。为了避免"好像"这个词的含糊性，我可以以更准确的方式来进行描述："我现在有一个视觉体验，这个视觉体验就是：我好像看到了旧金山海湾……"世界中客观的事态被描述为"我看见了旧金山海湾……"，现在，这一事实需要说明。请记住，我们有一个本体论上主观的视觉体验，它完全作为知觉主体头脑中的一个"私人的"东西而存在。而且我们也有一个本体论上客观的"公共的"东西，它存在于我们大脑之外的世界中。对头脑中主观的视觉体验和对世界中客观的事态的描述怎么可能相同呢？我认为，答案显而易见，这一章的目的就是为了把这个问题讲清楚。不过，简单说来，正是如下事实构成了其满足条件，即有意识的体验本身是对事态的呈现。因此，对呈现内容的描述必须与外部世界中构成其满足条件的事态相匹

配。头脑中的主观内容与世界中的客观事态之间的关系之透明性　*60*
（transparency）是一个非常重要的现象。在本章和下一章，我将对此
详加论述。

II.　知觉意向性的特征

到目前为止，我们关于视觉体验的讨论可能听上去相当无聊，不
像关于信念和欲求的讨论那么有趣。我想，视觉体验的显著特征来自
其与其他形式的意向性之特殊差异。正如我早先所言，它们与行动中
意向、饥饿、口渴和真情实感都是最基本的意向性形式。它们的大多
数特征来自这样一个事实，即它们是呈现性质的，而非表象性质的。
我想现在来描述这些特征。

1. 意识。由我所举的例子——透过窗户来看旧金山海湾——所
示例的呈现的意向性之特定形式要求知觉是有意识的。关于盲视和阈
下知觉这样的无意识知觉的讨论比比皆是，但哲学家们忽略了一个事
实，即所有非病态的知觉形式都是完全有意识的。试着想象一下，看
见一个我正在描述的场景但却完全没有意识到它会是什么样子。很难
理解，你如何能够把知觉与单纯的记录（registering），也就是与能
够对环境的诸特征做出不同反应区分开来。但是，如果主体不是盲
人，也没有其他残疾，那么人类引以为傲的视觉体验需要对视觉场景
的完全意识。这是如下事实的一个后果，即，视觉体验是呈现，而不
仅仅是表象。我是与整个场景一起被呈现出来的，从远处的金门大桥　*61*
到我的直接的前景中的桌子、我的狗塔尔斯基，以及这个场景中的一
切事物。信念可以是有意识或无意识的，而且，事实上，我们的大多
数信念在大多数时候都是无意识的。但是，如果一个视觉体验是无意
识的，那么你就不可能拥有这个视觉体验——这个我当下拥有的视觉
体验。

2. 呈现而非表象。视觉体验不同于信念，甚至有意识的信念，

其本质特征在于，它是**呈现性质**的，而非表象性质的。视觉体验不是一个表象我所看见的对象和事态的独立的东西；它给予我对那些对象和事态的**直接的知觉**。例如，我的信念是一系列命题的**表象**。但视觉体验并非如此。在当前的场景中，当我看着旧金山海湾时，我有对整个场景的有意识的、直接的知觉。严格来说，如果我们把"表象"定义为任何具有满足条件的东西，那么呈现就是表象的种（概念）。尽管如此，我们仍然需要一般地把呈现和表象区分开来，除非你理解了知觉的呈现性质，否则你不会理解特殊的知觉意向性。

    3. 直接的因果关系。知觉体验的呈现意向性源于这样一个事实，即，它被体验为直接由满足条件所引起的东西。当你看见对象时，你把对象体验为引起你的体验的原因。在触摸现象中，这一点尤为明显：当你沿着桌面滑动你的手时，你体验到你手中的感觉是由对桌子表面的压力所引起的。

    既然一些哲学家很难理解视觉体验的因果成分，那么我就来给出一个论证以最终说明这一问题。设想，你可以在你的想象中形成一些视觉图像，这些视觉图像与你实际看见一个东西一样生动。现在，闭上你的眼睛，对你周围的场景形成一个心理图像，并且设想，你可以形成一个心理图像，这个心理图像与实际看见周围的场景一样"有力且生动"（借用休谟的表述）。尽管如此，在现象学中可能存在显著差别，因为在看到场景的情况下，你不自觉地体验到了视觉体验。如果你睁开眼睛，你必定会由于眼前场景的呈现而体验到视觉体验。你体验到了由你所见的场景所引起的那些体验，然而你自觉形成的那些视觉图像则被体验为由你所引起的。因果成分对于一切知觉体验都至关重要。你拥有由世界中的对象所引起的知觉体验，你从现象学上体验到它们是由世界中的对象引起的。一般来说，表象并非如此。某人或许有强迫性记忆（obsessive memory）或者多种形式的强迫性行为。但是，对于知觉的因果成分来说有一种特殊的性质，而且的确它也是呈现的意向性之来源：你体验到，是对象引起了你对它的知觉。当然，这也适用于行动、相反的适应指向和因果指向。当你有意地举起你的胳膊时，你体验到胳膊的抬举动作是由行动中意向引起的。因果关系是体验本身的一部分内容。同理，在知觉中，因果关系也是体验本身的一部分内容。

有必要强调五种传统的知觉方式——听觉、味觉、嗅觉、触觉和视觉——完全是因果性的。我们的知觉体验处处都被体验为我们与世界之间的因果作用（causal transactions）。离开了遍布一切的因果关系，你就不能听到、尝到、闻到、摸到或看到任何东西。在你的背景中，你可以立刻区分那些因果上取决于你的意志的东西和那些在因果上并不取决于你的意志的东西。闭上你的眼睛，再睁开。睁着眼睛转动你的头：这些活动完全取决于你，但是那些完全独立存在的实在之间的因果关系依然保持不变。这完全不同于视觉图像的形成，因为，抛开病理学不论，视觉图像的形成完全取决于你的意志。在后面的第四章和第五章，我们将会看到，因果成分是我们的实在观念的一个主要特征，而且也对于解释主观的视觉体验之纯粹原始的现象学是如何确定其意向内容和满足条件的这一问题具有关键作用。

在正常的、有意识的知觉体验中，如果你认为你所知觉的东西不是你的体验之原因，那么你就不可能有知觉体验。试想一下诸如此类的情况：听到一声突发的巨响、闻到一股令人难受的气味或在黑暗中碰到某个东西，等等。在每一种情况下，当你在主观的知觉领域中具有主观事件时，你体验到这一事件都是由你正在知觉的东西所引起的，即使你不能识别这些东西，即使你不知道你究竟听到、闻到或碰到了什么东西。这是理解知觉体验的意向性之形成的其中一个关键点，而且，在某种意义上，是非常关键的一点。我会在第四章和第五章对此做更多的讨论。

4. 不可分离性。我一直在描述的那种有意识的呈现意向性的一个后果在于，在意向内容被满足的情况下，在我实际看到场景的情况下，我不能与视觉体验相分离，也不能任意对之起作用。把视觉体验与思想、语词或图像相对比，你就会发现二者间的区别。我可以任意转换我的思想，我可以停止关于旧金山和其他东西的思考，或者，我

63

也可以脱离思想的对象来考察思想。但是，在我实际观看眼前的场景时，我根本无法把这些体验与实际的场景分离开来。我不能任意对这些体验进行排列组合，但我可以任意对表象进行排列组合。我不仅可以以句子和地图（maps）的形式对"物理的"表象进行排列组合，而且可以以信念和欲求的形式对"心理的"表象进行排列组合。我的
64 信念和欲求在我的掌控之中，因为，无论何时，只要我想，我就可以思考我的信念和欲求。但是，在我睁着眼睛、看到眼前的场景这种特殊情况下，我无法对我的视觉体验进行排列组合。它们是不可分离的。如果你不理解这一点，那么你就不会理解有意识的知觉、视觉或其他知觉。这是关于体验之现象学的一个观点。即使体验是一个幻觉，即使我知道这是一个幻觉，它仍然被体验为直接与其满足条件相关。

泰勒·伯奇（Tyler Burge）[4] 在其重要的"尼科德讲座"（Nicod Lectures）中把视觉体验比作地图和名词。名词代表所见的对象，地图代表所见的环境。我认为这些比喻是错误的。名词和地图一样可以被自由地操作。二者都是表象。视觉体验并不是那样的表象。它被体验为本质上与其满足条件相关，而非可分离的。

体验与对象的不可分离性使我们倾向于认为，对象是体验的一部分。有人可能会欣赏这一激进的主张，但这是一个误解。我们仍需区分在我头脑中进行的有意识的体验和我头脑之外的体验对象。的确，在某种意义上，对象是整个知觉的一部分，因为只有对象是真实存在的，视觉体验才会被满足，对象的呈现和特征引起了视觉体验。但是，体验本身，也即我头脑中有意识的事件，必须与我头脑之外的体验对象区别开来。体验呈现对象，但对象既非本体论上主观的体验，亦非体验的一部分。体验存在于我的头脑中。对象是我的头脑之外的世界中的对象。

为了再重复一遍我在上一章所做的区分，我会用"体验"去命名
65 我头脑中的心理事件，体验有意向性和"知觉"来描述在其被满足时的这些情况。现在我有好像看见旧金山海湾的**体验**，即使这是一个幻

觉，我依然拥有它，但它事实上被满足了，所以它是一个对旧金山海湾的**知觉**。

在某种程度上可以说，关于视觉体验的最不可思议的观点莫过于我之前评论过的那种观点了：对体验的描述和对场景的描述是完全一样的。在如下意义上我们可以说，对象本身是对这个对象之知觉的一部分："我看到了旧金山湾"这个句子的真值条件需要提及旧金山湾。如果不存在旧金山湾，那么我实际上就不会看到它。如果为我描述实际所见的东西时说，"我看到了旧金山湾……"，等等，那么这是对我所见的世界中实际存在之物的一个描述。现在，如果我描述我头脑中的视觉体验之内容，那么我会使用完全相同的语词，而且这些语词的次序也是完全相同的。我会说，"我好像看到了旧金山湾，它左边是半岛，右边是马林郡"，等等。描述是完全相同的。对头脑中的内容的描述和对世界中的对象的描述使用了完全相同的语词，并且这些语词的次序也是完全相同的。这是为什么呢？我想，到目前为止，本书的读者应该知道答案了：因为头脑中的内容是对其满足条件的意向性呈现，那些满足条件是我所见的世界中的对象。任何知觉理论都必须对这种共同性做出解释，而只有我正在致力于推进的意向主义的直接实在论版本才能满足这一条件。

5. 索引性。由于视觉体验的有意识呈现是不可分离的，所以它在本质上是索引性的。本质上属于**这里**（here）和**现在**（now）。我可以相信任何我想要的东西，我可以欲求任何我想要的东西。我的欲求、信念并不以我的视觉体验和直接的环境相关的那种方式与之相关。但是，当我睁开眼睛，在大白天环顾四周，这并不取决于我看到了什么；相反，由于视觉体验的本质，我被迫看到了此时此地的东西。这就产生了一个非常重要的逻辑后果：所有体验都具有相同形式的意向内容。**这实际上就在此时此地发生，或者，具有这些特征的这个对象此时此地存在**。罗兰·巴特（Roland Barthes）关于摄影有一个非常有趣的观点，我们可以把这一观点运用于视觉上[5]。他指出，照片总是具有相同的意向内容（他使用了胡塞尔的术语 "Noema"，但我用这个词的意思是"满足条件"）。他说，所有照片都有 Noe-ma，即"实际发生的事件"。我认为我们可以把巴特的这个观点运用到视觉上，因为照片记录了在视觉中所见的东西。视觉体验的内容就是：这一切实际上正在此时此地发生。需要注意的是，即使我知道满足条件此时此地并未被满足，这一点也依然有效。当我仰望星空时，即使我知道某颗星星在几百万年前就已不复存在了，但我依然看到这颗星星好像此时此刻正在那里闪烁。"看到它好像"这个短语标明了意向内容，因为它确定了满足条件。由于这种呈现的索引性（pres-entational indexicality），视觉体验给予我们的始终是整个事态，始终是**此时此地存在的这个对象**，而不仅仅是对象本身。在我之前提到的讲座中，伯奇告诉我们，在视觉体验中，没有任何与动词（verb）相对应的东西。我认为这是错误的。视觉体验总是告诉我们"这个对象存在"或者"这件事此时此地正在发生"。我认为把"存在"（exists）或"发生"（is happening）称作动词会造成误解，因为这有可能把它与表象等同起来。我想强调的一个重要观点是，当你看见某物时，你获得了一个完整的事态，而不仅仅是一个对象，对这一事态的言语表象既需要一个名词，也需要一个动词，例如，"这个对象存在着"，或者，"这件事正在发生"。

67

6. 持续性。因为知觉呈现环境，而且呈现的是此时此地的环境，所以它也是以一种连续的方式在呈现环境。表象和信念一样有一种离散性（discreteness）。你可以将它们（表象或信念）分解为独立的单元（units），甚至以你无法用视觉体验完成的方式支配这些单元。就视觉体验而言，你对于你周围的实在有一种连续的呈现，这一连续的呈现从字面上来说被称作"看见"（seeing）。视觉之满足条件的连续性既是空间性的，也是时间性的。只要我睁着眼睛，我是完全有意识的，并且光线充足，那么我就能连续地看到我周围的世界。知觉的**此时此地**被不断地转换为**彼时彼地**。我的确可以通过转移我的注意力来控制这种转换。我的体验意向性之所以在空间和时间上都是连续的，正是因为世界本身在空间和时间上是连续的，知觉把这个（连续的）

世界呈现给了我。视觉体验的不可分离性赋予了它与世界本身一样的时空连续性。

我在世界中看到的对象和事态或多或少有一种永恒的存在。呈现那些对象和事态的主观的视觉体验是转瞬即逝的、暂时的过程和事件。正如我已经提及的那样，把视觉体验看作一个实存者的集合会造成误解。因此，我们应该时刻提醒自己，我们所谈论的不是永恒存在的实体，而是连续的过程。我在这一章一直在描述的是本体论上主观的过程与它们所呈现的对象和事态之间的意向性关系。

7. **确定性**。知觉以不同于表象的方式给出确定性。莱布尼茨说，实在就是完全确定的东西。如果我有"萨莉的头发是棕色的"这样一个信念，那么这一信念以一种不确定的方式表象了世界。萨莉的棕色究竟是哪一种棕色？棕色色差的本质结构究竟是怎样的？萨莉真实的头发在其所有特征方面都是确定的，但是具有信念形式的表象却并不像真实的头发那样确定。不过，当我在大白天近距离**看见**面前的萨莉时，许多细节可以得到充实。这不是一个偶然的特征，它源于意向性的呈现特性。为什么这么说呢？**因为意向性的呈现特性把实在本身给予了我们；我们并不处理对实在的表象，而是通过对实在世界的有意识体验来处理实在世界。**有意识的知觉体验是我们通达实在世界的首要方式。我们以细节得到充实的方式知觉世界中的对象和事态。口头描述始终是不确定的，因为在像"萨莉的头发是棕色的"或"我看见了红色的玫瑰花"这样的描述中所使用的一般术语把确定的东西同化成了一般的范畴。这两个描述告诉我们，萨莉的头发和玫瑰像其他棕色和红色的东西一样，但是当我实际上看见一朵红色的玫瑰花时，我并未看见它**像**什么，我只是看见了它。

视觉体验不可能是完全确定的，因为它不是实在本身。它只是对实在的某些方面的呈现，而非全部。它将以不同方式表现出其不确定性。例如，由于我们的知觉装置的限制，人类无法看到我们正在知觉的对象的红外光和紫外光。此外，当我的视觉模糊不清时，当我不能聚焦时，当我的眼睛出了毛病时，确定性原则也会受到进一步限制。

但是，请注意，所有这些情况都以各种视觉的方式被体验为有缺陷
69 的、退化的、不真实的或病态的。在正常的、健康的、完好的知觉
中，实在作为确定的东西被呈现给你，尽管在这些情况下，视觉仍然
受到限制，即知觉意向性只呈现实在的某些方面。

我在这里努力想要表明的两个事实是：（1）正如莱布尼茨告诉我
们的那样，实在本身是确定的；（2）对实在的知觉呈现把它呈现为确
定的。对桌子的知觉体验把桌子呈现为确定的，但关于桌子的信念却
并不把它呈现为确定的，这是因为，视觉体验**呈现**桌子，而信念只是
表象桌子。这是一个关于视觉和触觉的非常深刻的观点。它们（视觉
和触觉）使我们直接通达对象和事态。在非病态的情况下，它们使我
们直接通达实在的确定特征，以至于体验本身在这个意义上来说是确
定的：它们将其满足条件呈现为完全确定的，而口头的（语言的）表
象完全不具备这一特征。说"它是棕色的"留下了一个确定性的范
围。但是看到棕色本身并不会留下这样的确定性范围。甚至视觉图像
也没有这样的确定性程度。

如果我们把视觉和触觉与听觉、味觉、嗅觉做一番比较，我们就
能更好地理解这一点。的确，在你听的过程中，世界中的一种物理现
象——声音，直接被呈现给了你，但是，你并未体验到声音具有一个
物质对象的特征。当然，从理论上来说，你知道声音实际上是声波，
但它呈现给你的方式并不是空气中波的运动，而是没有任何重量或确
定的特殊维度的现象。与此类似，就嗅觉和味觉而言，你独立地知
道，嗅觉是由刺激你鼻子的神经末梢的分子之集合所构成的，但这并
不是你体验嗅觉的方式。你体验到的嗅觉是本体论上客观的物理现
象，但它缺乏物质对象的特性。它没有重量，你不能坐在它上面，也
不能往它里面钉钉子。

70 总结一下有意识知觉的特性——正是这些特性将其与其他形式的
意向性区分了开来：它们是呈现性的，而非表象性的；它们被体验为
由其对象或其他满足条件所引起的；它们被体验为不可分离的；它们
是索引性的；它们有连续性；它们有不为表象——例如句子——所具

有的确定性。（需要顺便指出的是，有意识的行动中意向具有上述相同的特征，但其适应指向和因果指向正好相反。当我有意举起胳膊时，我的行动中意向是呈现性的、因果性的、不可分离的、索引性的、连续的和确定的。）

III. 视觉与背景：你必须学会如何去看

有一种常识性的但却明显错误的视觉观念。这一观念认为，视觉是对刺激的被动接受，视觉体验的产生是由神经生物学装置所引起的。依照这一观念，两个具有正常视觉神经生物学装置的人在面对相同的刺激时可能会看到完全相同的东西。我们知道这一观念是错误的，因为已经完成的针对某些病人的研究证明了这一点：那些天生眼盲，或者年幼时变盲的人，后来经过外科手术的治疗恢复了视力。他们没有正常的视觉。相反，事实表明，在发育的早期阶段，为了应对刺激，儿童的视觉装置与大脑的其他部分一起经历了巨大变化，这使得我们所谓的正常视觉成为可能。G. 埃德尔曼（Gerald Edelman）把大脑看作一个选择机制，他认为，在人的幼年时期，大脑一直在不断地以相当快的速度清除神经元，他的这一观点或许是正确的[6]。虽 *71* 然我们不了解大脑工作的细节，但我们知道大脑通过强化某些特定的视觉通路并清除其他通路来学会如何正常地看（东西）。对于神经生物学家来说，这是一个难题，但是它有非常重要的哲学意义，因为它是反驳如下观点的一个关键论证，即，只要视觉系统未受损伤，在刺激相同或相等的情况下，你会和其他具有正常视觉系统的人一样获得相同的体验。

从我们当前的观点来看，同样有趣的是，文化的、教育的和发展的体验可以影响你的视觉能力。对此的一个例证是具有不同文化背景的人对同样的刺激——例如同样的一件艺术品——做出反应的方式。例如，我相信，一旦你近距离地观看凡·高的作品，并努力地思考它

们，那么世界就绝不会看上去是完全相同的。例如，在本书第 74
页①的彩色插图部分，我呈现了他的一幅著名的绘画《星空》(*The
Starry Night*)（这是其中的一个版本）（见插图 1）。我想，如果你
反思这幅画，它会影响你对夜空的知觉。这幅画的确是对星空的一种
表象，但是其满足条件并不在于它不应该从知觉上与星空做出区分；
它不应该像一张照片。毋宁说，凡·高邀请我们去看夜空，好像它就
是这个样子的。这是"**看作**"(seeing-as)的情况，我会在本章后面
和第四章解释为什么所有的"看见"都必须是**看作**。

视觉表象常常影响我们对它们可能表象出来的实在之知觉方式。
同样，在彩色插图部分，一个著名的例子是毕加索的绘画作品《格特
鲁德·施泰因》(*Gertrude Stein*)（插图 2）。当格特鲁德首次看到这
幅画时，她抱怨说："我看上去并不是那样的。"毕加索说："你会的，
格特鲁德。你会的。"我理解，这句话的部分意思是说，人们会把她
看作画中人，人们对她的知觉会受到画作本身的影响[7]。

72

维米尔 (Johannes Vermeer) 和博尔赫 (Gerard Ter Borch) 的
画作向我们示例了背景影响我们知觉的方式（见插图 3 和插图 4）。
柏林博物馆有维米尔的一幅名画，人们对这幅画有不同的解释。我在
柏林教书的时候，从我的办公室到达勒姆博物馆 (Dahlem Museum)
只需步行五分钟，这使我有机会花几个星期的时间非常认真地研究这
幅画[8]。这幅画展现的是在一个虽然十分简朴但却优雅的环境中的一
个男人和一个女人。女人正喝着玻璃杯中的葡萄酒；男人戴着帽子站
在一旁，他右手拿着酒壶，而眼睛在看着这个女人。A. K. 韦洛克爵
士 (Arthur K. Wheelock, Jr.) 在《维米尔》一书中对这幅画给出
了一个标准的教科书式的解释。他将维米尔和皮耶特·德·霍琦
(Pieter de Hooch) 做了对比，他写道：

《葡萄酒杯》(*The Glass of Wine*) 和霍琦的原作 (proto-
types) 之间的一个主要区别在于：维米尔的室内画更优雅。人

———————

① 本书 60 页之后。

插图 1

文森特·凡·高（Vincent van Gogh，1853—1890）：《星空》（*The Starry Night*，1889）。

插图 2

帕布罗·毕加索（Pablo Picasso，1881—1973）：《格特鲁德·施泰因》（*Gertrude Stein*，1906）。

布面油画，高 39.37 英寸，宽 32 英寸（100×81.3cm）。格特鲁德·施泰因的遗赠，1946（47.106）© 2014 帕布罗·毕加索遗产/艺术家权利协会（ARS），纽约。

插图 3

约翰内斯·维米尔（Johannes Vermeer，1632—1675）：《葡萄酒杯》（*The Glass of Wine*，约 1661）。

插图 4

杰拉德·特·博尔赫（Gerard Ter Borch，1617—1681）：《勇敢的对话》（*The Gallant Conversation*）。

以《父亲的告诫》（"The Paternal Admonition"）（约 1654）闻名。

插图 5

克劳德·莫奈（Claude Monet，1840—1926）：《罂粟花》（*Poppies*，1873）。

插图 6

克劳德·莫奈：《罂粟花》，红绿反转。

物穿着华丽，桌子上覆盖着精心制作的毯子，窗户上有一个盾状徽章（a coat of arms），背后墙上的画镶有镀金的画框。男人和女人举止得体，看不出明显的爱情关系，不像有人可能会用鲁特琴（lute）和葡萄酒杯所表现的那样。[9]

正如我所言，我曾经长时间努力地观看这幅画，我想韦洛克的解释是错的。这幅画展示了一个标准的引诱的场景。简言之，这个男人正试图把这个女孩灌醉。我们中的大多数人都以这种或那种形式经历过这一场景。我如何知道我是对的而韦洛克是错的呢？我不知道。我所论证的是，对一个视觉体验的解释，特别是对一件艺术作品的解释，将会是解释者赋予体验的概念装置的一种功能。就我而言，我对这幅画的解释与韦洛克截然不同。

另一个对相同的刺激形成不同解释的更引人注目的例子是由博尔赫创作的名画《告诫》。这幅画有许多不同的版本，我想我至少看过其中的两个。在这两个版本中，博尔赫急于炫耀他出色的绘画能力，特别是女人裙子上的褶皱。这幅画展示了这样的情景：一个男人紧挨着桌子旁的一个老女人坐着，他面对着一个背对着我们的年轻女人。这幅画的标准题目是《告诫》，有时候也叫作《父亲的告诫》。依照传统解释，这幅画表明，一个男人正在告诫自己的女儿，因为她违反了某些戒律，但她究竟犯了什么错，在画中并未表现出来。我们可以想见母亲为此多少有些尴尬，因为她正低着头看着她的葡萄酒杯。就连歌德也是这样来描述这幅画的：

　　至于第三幅画①，他们挑选了博尔赫的《父亲的告诫》。谁不知道我们的维勒（Wille）根据这幅油画创作的铜版画啊！文

---

　　① 歌德的小说《亲和力》（*Die Wahlverwandtschaften：Ein Roman*）第五章中有一段叙事：伯爵为了活跃舞会的气氛，于是提议让参加舞会的人模仿名画中人物的动作和姿态。大家选择了三幅油画：第一幅是凡·戴克（van Dyck）爵士的《贝利萨》（*Belisar*），第二幅是尼古拉·普桑（Nicolas Poussin）的《亚哈随鲁和以斯帖》（*Ahasverus und Esther*），第三幅则是博尔赫的《父亲的告诫》（*väterliche Ermahnung*）（参见 Goethe, J. W. *Die Wahlverwandtschaften：Ein Roman*，Reclam Verlag, 1956，S. 159-160）。

雅的、具有骑士风度的父亲两腿交叠地坐着，仿佛正在告诫站
在面前的女儿。女儿曼妙的身躯裹在布满褶裥的白缎长裙里，
虽然我们只能看到她的背面，但她的整个体态使人感觉到，她
在认真地聆听。不过，父亲的告诫并不严厉，不至于让女儿感
到羞愧，这从他的表情和手势可以看得出来。至于母亲，她正
低头看着手里的酒杯，准备一饮而尽，好像在掩饰那微微的
尴尬。[10]

我完全不同意歌德的解释，我想随后的评论者很有可能会同意我
的观点。画中的男人不是在告诫这个女孩；他在和那个老鸨商量付给
这个女孩的价钱。至少在这幅画的早期版本中，这个男人手里确实握
着一枚硬币。仔细看画中的场景，特别是背景中的大床、女性用品引
人注目的诱惑力，虽然兼具丈夫和父亲的角色，但却显得如此年轻，
所有这一切都暗示：他们的身份不是父亲、母亲和女儿，而是老鸨、
妓女和潜在的客户。需要重申的是，虽然没有办法证明我的解释是对
的而歌德的解释是错的，但我认为我所提出的观点应该是显而易见
的。这里的问题不在于我与歌德之间的争论，而在于试图表明，相同
的视觉刺激如何在不同的人那里产生完全不同的反应，这取决于他们
用来影响体验的背景能力（background capacities）。

所有这些反思都引向了一个应当被澄清的更加深刻的观点。在
《哲学研究》[11] 中，维特根斯坦借用贾斯特罗（Jastrow）"鸭兔图"
的例子[12] 来示例"看作"（seeing-as）这一现象，从而使其成了著
名的哲学论证。维特根斯坦描述为"看作"的现象，也即他从鸭兔图
中所得出的观点在于，在这种情况下，你可以把同一个形象或者看成
一只鸭子，或者看成一只兔子。这一现象的哲学重要性来自刺激保持
不变这一事实。这确实是一个显著的事实：相同的刺激可能会产生完
全不同的体验，即使人们并未受到欺骗，或者视觉也能正常发挥功
能——不存在幻觉、妄想、错觉等问题。现在我想强调的是，所有的
看都是"看作"而且必须是"看作"，因为这是由视觉体验的意向性
所规定的。

图 2 - 2

所有视觉意向性都是呈现的问题，呈现是表象的一个亚种，表象 *75*
始终是从这些或那些方面表象。不可能只是**极其简单地**（tout court）
表象或呈现某个东西——我们始终是从这些或那些方面进行表象或呈
现。总是在某一个面向下。贾斯特罗的示例（鸭兔图）——我曾亲眼
在原版杂志上看到过，而现在则很容易从网络上获得——确实既像鸭
子，又像兔子。但是，相应的粗糙的描画却会展示完全相同的模糊
性：向上向左看是一只兔子，而向右看则是一只鸭子。然而，这个例
子也示例了关于视觉体验的另一种观点：大脑有一种巨大的能力来接
收退化的刺激，并从中产生一种具有相当确定的满足条件的视觉
体验。

图 2 - 3

我草绘的这张图（图 2 - 3）虽然看起来既不像一只鸭子，也不 *76*
像一只兔子，但却很容易把它看作其中的一种。

IV. 感觉予料怎么了？

那么，感觉予料的存在又是怎样的呢？有这样的东西吗？感觉予料的概念被引入以为知觉意识提供对象。不同形式的坏论证似乎都得出了这样的结论，即人们根本无法看到世界中的对象和事态，而只能看到他们自己的主观体验。为此需要一个一般的术语，而"感觉予料"概念似乎正好承担了这一任务。

但是，如果坏论证被揭示为错误的，那么感觉予料会怎么样呢？它们存在吗？像往常一样，哲学对这个问题的回答是：这完全取决于你用"感觉予料"这个词意指什么。如果"感觉予料"指的是有意识的知觉体验，那么感觉予料当然存在。但如果问题是，存在作为知觉对象的有意识的知觉体验吗？那么回答是否定的。说它们是被知觉到的就是在陈述坏论证的结论。

但是把它们叫作感觉予料会引起误解，因为，首先，它们不是知觉对象；它们知觉它们自己。其次，在通常情况下，它们不是予料。"予料"概念暗示着某种证据（evidence）。但是，例如，如果我正看着面前的电脑，我没有证据说那儿有一台电脑，我只是如实地**看到**那儿有一台电脑。

"感觉予料"概念与"感受质"概念之间有一种很有趣的相似性。既然一切有意识的体验都是定性的，那么就没有必要引入感受质的概念。同样，对于感觉予料概念来说，既然一切有意识的知觉体验都是来自感官的体验，那么引入一个特别的感觉予料的概念似乎有些多余。

V. 缸中之脑

77　　在哲学中有一个常见的思想实验，即想象一个人的所有体验都来源于一个缸中之脑。这个思想实验只有从第一人称视角出发才有意义，那么就让我们从这一视角出发来尝试一下这个思想实验吧。我现在坐在加州大学校园里的书桌旁。我有一系列由外部刺激引起的体验，这些体验反过来引起了一些神经生物学过程，而这些过程又引起了我的主观的定性的体验。"缸中之脑"的幻想让我去想象我现在拥有与此完全相似的体验，我所拥有的体验与这些体验从定性上来说从各个方面都无法区分，但实际上，我并没有坐在伯克利的校园里。我的大脑在 25 世纪明尼苏达州某地的一个营养缸里，我正在接受由精心设计的计算机程序提供给我的一组刺激，例如，使我的体验无法与一个实际生活在 21 世纪加州伯克利的人的体验区分开来。我们可以想象这样的事情吗？我想，显然是可以的，一个简单的理由在于：我们实际上就是缸中之脑。我们的脑壳是由大量的钙所形成的一个头颅缸（cranium vat），它大致呈球形，大脑居于其中。脑壳与幻想中的缸中之脑之间的区别完全基于这样一个事实，即我的实际的脑缸（brain vat）在我的身体里，它所接收到的信号进入神经末梢，然后传递给身体。但是，这一思想实验的关键仅仅在于想象，一个人可能具有绝对无法与这些体验相区分的刺激，他的大脑过程与这些体验完全类似，他的定性的体验与这些体验完全类似，但他却并未处于这个环境中的这个身体里。

一部基于类似前提的电影《黑客帝国》（*The Matrix*），想象一群人受人工刺激的支配，这些刺激使他们的体验无法与现实生活区分开来。成千上万的人能理解这部电影这一事实至少可以证明，这个幻想是可理解的，即使它是科幻小说式的幻想，它也是有意义的。 78

所有使这一幻想得以可能的必要条件在于这样一些假设，即，在任何特定的时刻，我们的一切有意识的体验都是由大脑中的一些过程引起的。从根本上来说，至少我们可以具有那些与我们正在享受的外部世界断绝了任何联系的过程。的确，严格地来说，你甚至不需要这些假设：你只需要假设，对于任何被给予的有意识体验来说，都可以在人们正在知觉或体验的客观本体论与人们的意识体验之主观本体论之间做出区分。如果你承认可以做出这样的区分，那么，我们就可以据此说，可以想象一种情况，在这种情况下，客观的本体论与主观的本体论是彻底分离的。

我想，缸中之脑的幻想是本体论差异的一个有益的提示，即，在我们的神经系统中产生的主观本体论和我们通过知觉的以及其他的途径所通达的客观本体论之间的差异。但是，我很少采用这个思想实验，因为它总是被人误解。有时，人们认为，如果你把幻想视为至少可理解的东西，那么你就对于我们是否真的是缸中之脑产生了怀疑。我没有这样的怀疑，当我使用缸中之脑这一幻想时丝毫没有与认识有关的指向（epistemic point）。在第四章和第五章，当我们考察我们的原始体验的主观本体论如何与某些特定的满足条件相适应时，我会使用缸中之脑这个幻想。这个幻想的要旨在于显著地示例了完全在大脑中的知觉意识之主观本体论与我们在知觉意识中所知觉的实在世界之客观本体论之间的区分。

VI. 结论

79　　现在，我实现了我在前两章为自己设定的主要目标。我揭示了隐藏在反对直接实在论但却接受了感觉予料观点的坏论证背后的谬误。我做出了一个很强的、虽然尚未完全得到证实的断言，即，坏论证是过去四个世纪以来认识论中最大的灾难。在这一章里，更为重要的是，我提出了一个我认为正确的对知觉的解释，这一解释强调知觉体验的呈现意向性。

还有很多我尚未讨论但将在以后的章节中讨论的关于知觉体验之意向性的重要问题。尤其是，我还没有讨论，主观体验的原始现象学是如何与丰富的意向内容相适应的。这一问题将在第四章和第五章得到讨论。同样，我最关心的是对于作为属于一种特定类型的物的知觉，而非对于作为特定标记的物的知觉。这并不是一个无关紧要的问题，在《意向性》中，我把它称为"特殊问题"（Problem of Particu-larity），我会在第五章讨论这个问题。

注释

[1] Price，H. H. *Perception*. London：Metheuen & Co. Ltd，1973，Chapter 2.

[2] Descartes，René. "Meditations on First Philosophy." *The Philosophical Writings of Descartes*，*Volume II*，trans. J. Cottingham，R. Stoothoff，D. Murdoch. Cambridge：Cambridge University Press，1984，Meditation II.

[3] 分析哲学家们不太情愿承认知觉体验的意向性，这是一个奇怪的历史事实。例如，我在蒯因（Quine）和戴维森（Davidson）那里——不必提及卡尔纳普（Carnap）和莱辛巴赫（Reichenbach）——发现，没有任何迹象表明他们承认视觉体验的意向性。蒯因和戴维森认为知觉本质上是一个使我们具有信念的因果过程。但是，如下这一观点——例如，在我看见天在下雨和我相信天在下雨的意向内容之间有可能确实存在一种逻辑关系——完全不同于他们的整个思维方式。当然，他们在如下这点上是正确的，即存在一种因果关系，但这种因果关系的形式恰恰是意向的因果关系。在分析哲学的经典时期，一种典型的观点认为，意向性在本质上必定与语言关联在一起，正如戴维森明确指出的那样，许多分析哲学家认为，如果动物没有语言的话，那么它们也就不可能有信念。这种观点比坏哲学更糟，这是坏的生物学；但是要想克服这种错误的观点，第一步就是要搞明白，动物主要是通过其知觉体验（和意向行动）的呈现的意向性与环境关联在一起的。

[4] Burge，Tyler. Unpublished Nicod Lectures. Paris，2010.

[5] Barthes，Roland. *Camera Lucida*：*Reflections on Photography*，trans. Richard Howard. New York：Farrar，Straus，and Giroux，1981.

观物如实：一种知觉理论

[6] Edelman, Gerald. *Neural Darwinism：The Theory of Neuronal Group Selection*. New York：Basic Books，1987.

[7] 我不知道这个关于毕加索和施泰因的故事是否为真。这是一个老生常谈的历史趣闻。在当前的讨论中，关键之处在于，这个趣闻在历史上是否属实并不重要；重要的是，从哲学上来看，它是正确的。

[8] 由于柏林的艺术品所在位置的特殊历史，自二战以来，众多画作在柏林各地的博物馆来回辗转。我1990年在柏林教书时陈列在达勒姆博物馆的那些画作现在可能已经被陈列在了柏林的另一个博物馆里。我最近一次见到这幅画时，是在画廊里。

[9] Wheelock, Arthur K., Jr. *Vermeer and the Art of Painting*. New York：Abrams，1981，90.

[10] Goethe, J. W. *Elective Affinities*. New York：Penguin Books，1971，191. [这里的译文参见德文本（Goethe, J. W. *Die Wahlverwandtschaften：Ein Roman*，Reclam Verlag，1956，S. 159-160）和中译本（歌德. 少年维特的烦恼 亲和力//歌德文集：第六卷. 杨武能，等译. 北京：人民文学出版社，1999：290-291）。——译者注]

[11] Wittgenstein, Ludwig. *Philosophical Investigations*, trans. by G. E. M. Anscombe. Oxford：Basil Blackwell，1958，Part II, xi, 194e.

[12] Jastrow, J. J. *Fact and Fable in Psychology*. New York：Houghton Mifflin，1901. Originally from *Harper's Weekly*，November 19，1892，1114.

68

第三章　对坏论证的反驳
论证之进一步发展

这一章旨在充实迄今为止的解释所遗留的诸多细节。我对上帝或　*80*
魔鬼一无所知，但好的哲学贵在细节（good philosophy is in the de-
tails）①。在第一章我做了一个很强的论断，即，从历史上来看，那
些反驳直接实在论的论证，或者，至少那些我所知道的论证，都基于
同样的谬误：在坏论证中展现的歧义谬误。我不会去考察关于这一主
题（坏论证）的整个历史，但我将同时在经典和更晚近的文本中挑选
一些例子。你可以亲自验证，我提出来反驳这些例子的论证是否对其
他例子也有效。我认为这些论证对所有例子都适用。如果我前面的论
述已经使你相信，那些坏论证普遍存在而且完全无效，但在历史上却
具有举足轻重的作用，而你发现哲学史又是如此无聊的话，那么你大
可跳过这一章继续往后读。

坏论证以颠倒的形式继续存在于当代的析取主义中。坏论证的一
个经典版本认为，由于好的情况（知觉）和坏的情况（幻觉）在认识
上是相同的，所以它们应该得到同样的分析。在坏的情况中，我们只

---

① 西方俗语："上帝在细节中"（God is in the details），"魔鬼在细节中"（Devil is in
the details）。

看到了感觉予料，在好的情况中我们同样也只看到了感觉予料。析取主义认为这一论证是有效的，但否认了它的第一个前提，即好的情况和坏的情况在认识上是相同的。但是，它却因此接受了坏论证的最坏的特征，即，如果好的情况和坏的情况在认识上是相似的，那么素朴实在论就是错的[1]。本书中，我的一个主要观点即是：一旦你看到了坏论证中的谬误，你就既可以看到，不论是在好的情况，还是在坏的情况下，体验都具有相同的认识内容，也可以看到，直接实在论是正确的。析取主义的一个典型假设就是，如果好的情况和坏的情况具有共同的内容——用麦克道威尔的话说就是一个"最高的共同因素"[2]，那么这个共同的内容就是知觉对象，而且素朴实在论将是错的。

I. 坏论证的经典例子

坏论证有许多不同版本，这一点不足为奇，但它们共同的特征在于混淆了"觉知"（aware of）或诸如此类的表述的意向意义（intentional sense）和构造意义（constitutive sense）。坏论证本质上是在如下意义上——世界中的实在对象，当其被知觉时，就是知觉意识的对象——将体验本身当成了知觉意识的对象或可能对象。

我从贝克莱的一个经典例子说起。他用海拉斯（Hylas）和斐洛诺斯（Philonus）三篇对话中的第一篇来证明我们所知觉的一切都只不过是我们自己的观念。为了做到这一点，他提出了我称作坏论证的一些版本。他将"可感物"定义为"那些直接被感官所知觉到的东西"[3]。在同一页上，他告诉我们，可感物由"可感的性质"构成。因此，可感物只不过是许许多多可感性质或可感性质的结合。"直接"这个词的意思无须任何推理。例如，当我看到面前的一块红色桌布时，我并不是通过推理得出它是红色的，而是我看到它是红色的。在此意义上，对于贝克莱说，"红色"是一种可感性质。现在，我认为读者将会认识到，"直接知觉"的概念已经具有我早已注意到的那种歧义性了，所谓知觉，一方面指的是与知觉对象相同一的"知觉"，另一方面指的是作为一种意向状态的"知觉"，这种意向状态把知觉对象作为其意向对象。以下是来自贝克莱的一个著名片段：

> **斐洛诺斯**：把你的手靠近火时，你知觉到了一种简单而统一的感觉还是两种不同的感觉？
>
> **海拉斯**：只有一种感觉。
>
> **斐洛诺斯**：难道热不是被直接知觉到的吗？
>
> **海拉斯**：是直接被知觉到的。
>
> **斐洛诺斯**：疼痛感也是这样吗？
>
> **海拉斯**：也是。
>
> **斐洛诺斯**：看吧，因此它们都是同时直接被知觉到的，火只用简单的或非复合的观念来影响你，由此推断，这同一个简单的观念既是直接被知觉到的灼热，也是疼痛感；因此，直接被知觉到的灼热与一种特殊的疼痛感并没有什么不同。[4]

他由此得出结论说，灼热并不是一个本体论上客观的现象，而是完全作为心灵的一种体验而存在。他将这一论证以不同的形式扩展到了其他"可感的性质"。这一论证是对坏论证的歧义谬误的一个完美示例。"直接被知觉"有两种不同的含义，其一，直接被知觉的东西是本体论上客观的世界中的事态，例如，正在燃烧的火的热度。这是"直接被知觉"的意向性意义，在这个意义上，被知觉的性质是本体论上客观的。在另一种意义上的"直接被知觉"意味着，直接被知觉的东西是感觉本身，例如对灼热的疼痛感。这是"直接被知觉"的构造意义，在这个意义上，被知觉的性质是本体论上主观的。贝克莱首先在第一种意义上使用"直接被知觉"这个概念，但他接下来便利用这个概念的歧义性来证明，我们所知觉的一切都是本体论上主观的体验。我认为贝克莱的谬误再明显不过了，而事实上海拉斯与斐洛诺斯的第一篇对话一直在不断重复运用这一谬误。

在休谟那里，我所援引的这种歧义性也很明显。在《人性论》开篇第一段第一句，休谟这样写道："人类心灵中的一切知觉可以分为明显不同的两种，我将其称之为**印象和观念**。"知觉的概念既可以表示一个体验的知觉内容，也可以表示被知觉的事物，我们也已经知道，上述这两种不同的知觉概念分别对应着知觉这个动词的两种意义，即构造意义和意向意义。在知觉的意向内容之意义上，我的确可以——至少为了这些目的——将我的知觉体验分为印象和观念。印象包括现实的知觉体验，例如感觉；而观念则是像心理图像这类的东西。然而，如果我们讨论的是被知觉的对象，那么我的心灵的"知觉"将不再包括印象，而是诸如树、山、石头以及其他本体论上客观的现象。休谟理所当然地认为当我知觉树和山时，我实际知觉的东西就是我自己的印象。但这已经包含了我们之前揭示的那种谬误，因为印象始终是本体论上主观的，而树、山则是本体论上客观的。为了展示休谟哲学中所包含的这种谬误，我想回顾一下我之前提到的一段文字，而我也没看到其他的**文本解释**。

> 许多实验可使我们相信，我们的知觉并没有任何独立的存在，我们首先应当观察这样一些实验。当我们用一根手指按住一只眼睛时，我们立刻就知觉到一切对象都变成了双份，而其中的一半离开了它们通常的、自然的位置。但是，既然我们不把一种连续的存在归属于这两种知觉，而且既然它们二者又具有相同的本性，所以，我们清楚地知觉到，我们的一切知觉都依赖于我们的器官，依赖于我们的神经和动物精气的秉性（disposition）。[5]

这段文本中的"知觉"是什么意思？我认为它完全充满了歧义。在第三句中，他告诉我们，知觉意味着"一切我们所知觉的东西"。然而，"一切我们所知觉的东西"这个表述本身也是有歧义的。正如随后的论证所表明的那样，他用这个表述是想把我们通常认作外部世界中的物质对象包含进来。他说："当我们用一根手指按住一只眼睛时，我们立刻就知觉到一切对象都变成了双份，而其中的一半离开了它们通常的、自然的位置。"在这里，他用"对象"这个词指的是诸如椅子和桌子这类东西；而既然它们是知觉，所以他宣称，当我们按住其中一个眼球时，我们知觉到它们变成了双份。但是，严格来讲，这是不

84

对的。我们并未知觉到任何这样的东西。并不是"一切对象"都**变成**了双份，毋宁说，是我们**看到**它们变成了双份。也就是说，我们对每个对象都有两个视觉体验，但并不是同时看到了两个同样的东西。这并不是说世界中的物质对象变成了双份，而是视觉**体验**变成了双份。这恰恰就是我们一直在强调的那种歧义性。休谟继续写道："但是，既然我们不把一种连续的存在归属于这两种知觉，而且既然它们二者又具有相同的本性，所以，我们清楚地知觉到，我们的一切知觉都依赖于我们的器官，依赖于我们的神经和动物精气的秉性。" ⁸⁵

我们的一切知觉体验确实都依赖于我们的器官的状态，但这并不意味着，我们实际知觉到的世界中的对象依赖于我们的器官。所以，同样的歧义性在这里再次彰显了出来。我们所拥有的关于外部世界中的对象之本体论上主观的体验依赖于我们的器官的状态，但外部世界中的对象本身却并不依赖于我们的器官的状态。如此一来，如果休谟对实际情况的描述是错的，那么正确的描述应该是怎样的？我认为，这是显而易见的，也就是说：当我们用一根手指按住一只眼睛时，我们立刻就有了一种被叫作"看见重影"（seeing double）或"双重视觉"的视觉现象。我对我所看到的每一个对象都有两个视觉体验。我并没有看见视觉体验，我看见的是对象；在这种情况下，我看到它们是双份的。意向内容（在某种程度上）似乎是我看到了两个对象，但事实上我知道我并没有看到两个对象。我把一种持存性归于对象而非体验。如果"知觉"意味着知觉体验，那么我将绝不会把一种持存性归于一个知觉。因此，当休谟说，"我们不把一种持存性归属于这两种知觉"时，他是在讨论视觉体验，而他的如下说法也是对的，即，当体验没有被体验到时，我们不能将持存性赋予它们。但是，如果"知觉"意味着被知觉的对象，那么这个被知觉的对象恰恰就保持为同一个既存的、独立于我对它的体验的对象，而无论它是否在双重视觉中。因此，我所知道的休谟唯一一处明确使用幻觉论证的文本正好犯了我们已经在其他作者那里发现的同样的错误。

现在，让我们转向更晚近的一位作者 A.J. 艾耶尔在《经验知识的基础》（*The Foundations of Empirical Knowledge*）中的观点。
86　他认为我们所知觉的一切都是感觉予料，为此，他用下面这段文字来
展开其论证：

> 然而，甚至在我们所看到的不是一个物质物体之实在性质的
> 情况下，人们也认为我们仍然**看见了什么东西**；而且为方便起
> 见，我们应该给这个所看见的东西起一个名字。正是为此目的，
> 哲学家们诉诸"感觉予料"这个词。通过使用这个术语，他们便
> 可以为如下问题给出一个在他们看来令人满意的答案：在知觉
> 中，如果我们直接意识到的对象不是任何物质物体的一部分，那
> 么它是什么呢？因此，当一个人在沙漠中看到一座海市蜃楼时，
> 他并未由此知觉到任何物质物体；因为，他以为他知觉到的绿洲
> 其实并不存在。同时，人们认为，他的体验并非对虚无的体验；
> 他的体验有一个确定的内容。于是，人们说，他在体验感觉予
> 料，这些感觉在性质上类似于当他看见一片真实的绿洲时所体验
> 到的东西，但是，在如下意义上，它们又是虚妄的，即这些感觉
> 予料貌似在呈现的物质物体实际上并不存在。[6]

这段文字十分明显地揭示了幻觉论证的谬误。仔细看一下这句话：
"他的体验并非对虚无的体验；他的体验有一个确定的内容。"在意向
主义的意义上，他的体验恰恰是一种对虚无的体验，因为在由幻觉所
产生的绿洲中**一无所有**。沙漠中并没有什么绿洲，所谓的绿洲只不过
是他头脑中的一个意向内容。当艾耶尔说"他的体验有一个确定的内
容"时，他已然犯了歧义谬误。他的体验恰恰有一个作为满足条件呈
现绿洲的意向**内容**，但是没有任何意向**对象**；因此内容没有得到满
87　足。体验有一个确定的内容这一事实并不表明它有一个**对象**。内容本
身并非体验的对象，当然，除非我们在构造的而非意向主义的意义上
使用"对……的体验"这个表述。当艾耶尔写下"他的体验并非对虚
无的体验；他的体验有一个确定的内容"这句话时，他认为后半句证
实了前半句，即内容的存在证明它不是一个对**虚无**的体验。但事实
非如此。在意向主义的意义上，这个体验恰恰是对虚无的体验。他只

能假定，内容的存在是个**什么东西**（something），因为他犯了歧义谬误。意向内容仅仅是构造意义而非意向主义意义上的对象。如果艾耶尔写的是"它有一个确定的对象"，那么错误就会明显一些。本来没有对象。但他的做法却是把"对……的体验"这个表述看作将"内容"当成了其直接对象。因此，本来被意向主义地对待的作为体验的东西——主体认为他看到了一片绿洲，但实际上他什么也没看到——现在成了这样一种情况，即体验始终是对某物的体验，因为它有一个"确定的内容"。我认为这里的谬误再明显不过了。

　　一旦你意识到了其中的谬误，你就总是能看到它。我随手翻了翻伯恩（Byrne）和罗格（Logue）的书，在霍华德·罗宾森（Howard Robinson）的一篇名为《成功修正的感觉予料因果论证》（The Revised-Successful Causal Argument for Sense Data）的文章中发现了如下说法：

　　　　1. 从理论上来说，可以通过激活一些被牵扯进一种特殊类型的知觉中的大脑过程来引起一种确实在其主观特征方面与那种知觉类似的幻觉。

　　　　2. 当幻觉体验与知觉体验具有相同的神经原因时，必须对二者做出相同的解释。因此，例如，如果二者具有相同的近因，即神经原因的话，那么说幻觉体验包含一个心理图像或感觉予料，而知觉则没有，则是不合理的。

　　　　这两个命题都蕴涵着，头脑中的知觉过程产生了**某些觉知对象**（some object of awareness），这些觉知对象不能与外部世界的任何特征相同———也就是说，它们产生了一个感觉予料。[7]

你可能找不到比这更清楚的对坏论证之谬误的陈述了。在大脑中被设定的知觉过程的确产生了一个有意识的体验，但这个有意识的体验并不是如下意义上的一个觉知对象，即外部世界中的对象是觉知（awareness）对象。"对象"与觉知本身是同一的。我一直说，似乎这种歧义性像是标准的歧义性，诸如"I went to the bank"这句话中的"bank"一样。不过，当然，其中的一条歧义完全是伪造的（bo-

88

gus）。除了在微不足道的隐晦意义上（in the trivial Pickwickian sense）你可以始终用"觉知到……"（aware of）这个动词去把指涉其自身的符号外延表达为自身的直接对象，否则，不存在任何觉知对象。觉知是对其自身的觉知（The awareness is of the awareness it-self）。

II. 坏论证对直接实在论的反驳是如何扩展到其他幻觉论证的版本的？

我先前说过，幻觉论证的一切变种都犯了同样的错误，即把"意识到……"和其他知觉词汇的构造意义与意向主义意义混淆在了一起。现在我要考察一下标准论证是如何揭示这种情况的。

1. 弯曲的棍子和椭圆的硬币

有两个论证在结构上是一样的，所以我将同时处理它们。如果我把一根笔直的棍子放入水中，那么它看上去是弯的。这是由于水的折射性质。当棍子浸入水中时，光波在棍子上的反射被改变了。如果我拿起面前的一枚圆形硬币，轻轻地翻转一个角度，以至于我不是从正面而是从侧面去看它，那么它看上去就不再是圆的，而是椭圆的。因此，论证是这样的：有人也许会学究式地反驳说，如果你从水外面看棍子的话，棍子就不会看上去是弯的；如果你从正面看硬币的话，硬币也不会看上去是椭圆的。不过，我们还是不去考虑这些学究式的反驳了，我们接着往下走。反对直接实在论的论证在这些情况下会说，我确实看到了**某个弯的东西**和**椭圆的东西**，对此毫无疑问。但是，棍子没有弯，硬币也不是椭圆的。如果你喜欢，我们可以说，我看到了**棍子的弯的显像（appearance）**和**硬币的椭圆的显像**，所以，椭圆的和弯的显像是我的知觉对象。在两种情况下，我都没有看到对象本身，而仅仅是显像。让我们给它们取一个名字，我们会把它们叫作"感觉予料"。在这些情况下，事实是我并未看到对象，看到的仅仅是感觉予料。下一步是这样的：由于在真实的情况下（知觉）和在幻觉的情况下，体验在性质上无法区分，所以我必须对二者给出相同的分析。而且，如果我没有在幻觉中看到对象本身，那么我就应该说，我在真实的情况下也没有看到对象。

表面上看，椭圆的硬币和弯曲的棍子的论证与幻觉论证不同。但我认为，只要我们深入考察一下就会发现，这个论证恰恰犯了我一直在论述的那种错误。那么，下面我们就来认真剖析一下椭圆硬币论证。 **90**

我看到了某个椭圆的东西。我看到的这个椭圆的东西究竟是什么呢？字面上来说，它是硬币的显像。但是，现在，关键的一步在于，既然我直接知觉的东西是椭圆的，而硬币不是椭圆的，所以，我似乎没有直接知觉到这枚硬币。那么，我直接知觉到的是什么呢？我已经回答过这个问题了。我直接知觉到的是硬币的显像。但是，如果我没有看见硬币（本体论上客观的对象），而是看见了一个椭圆的显像，那么，似乎动词"看见"的直接对象指的是我正具有的一些私人的（本体论上主观的）体验。没有椭圆的物质对象在场。接下来是这个论证的余下步骤：因为，就真正地看到硬币（知觉）和在幻觉中看到硬币这两种情况而言，二者之间没有定性的差别，所以，我们应该对这二者做出相同的分析。在这两种情况下，我们知觉的仅仅是本体论上主观的现象。正如在贝克莱、休谟和艾耶尔那里的论证一样，我们已经从对"知觉"的动词的意向主义解释转变为了对这些动词的构造解释或同一性解释。使用这些动词的真陈述需要一个物质对象或其他本体论上客观的现象之存在去满足由动词所提供的满足条件。但是，在构造或同一性的意义上，所需要的仅仅是一个对本体论上主观的体验命名的名词，这个本体论上主观的体验是某种与知觉或意识同一的东西。

这个论证错在哪儿了呢？它有很多地方都错了。奥斯汀很快就指出了其中的一个错误[8]，即，如果你没有看到硬币本身，那么你也根本不可能看到硬币的显像，因为显像就是硬币看上去的样子。这究竟

91 是怎么回事儿呢？我们已经知道，一切知觉都处在某个特定的视角下，同一个对象在不同的视角下可能有不同的显像。但是，无论如何，被看见的是对象本身。

幻觉论证中明显错误的一步是这样说的：因为我直接知觉到了某个椭圆的东西，而且因为硬币本身不是椭圆的，所以结论就是：我没有直接知觉到硬币。但这并不意味着，因为"我看到了硬币的椭圆的显像"这个句子的意思隐含着"我看到了硬币看上去的样子"。而这反过来又隐含着我看到了硬币。基于如下两个事实：（1）我从这个角度看到硬币好像是椭圆的；（2）硬币不是椭圆的，并不能得出结论说，我没有看见硬币。

在这些情况下，我们应该领会一个重要的观点：主体并未真正（literally）"看到"任何弯曲的或椭圆的东西。在那些条件下，他所看到的是某个"看上去弯的"或"看上去椭圆的"东西。但这不是要描述他的知觉的一个实际上弯曲的或椭圆的对象，而是要描述一个知觉体验的满足条件。在这两种情况下，我们需要在知觉体验和被知觉的世界中的实际对象和事态之间做出区分，前者具有可能或不可能被满足的意向内容，而后者则可能会以不同的准确程度被知觉到。

2. 重影

我已经讨论过了休谟对于"看见双份"（seeing double）的例子的使用，但是标准用法稍有不同，所以我会对之进行考察。因为我们具有双眼视觉（binocular vision），所以重影（double vision）总是可能的。你可以自己这样去验证：在你面前举起你的一根手指，将你的双眼聚焦于远处的墙上。这时就会发生一种有趣的现象：你看到了两根手指。这就是幻觉论证的方式。在你看见两根手指的情况下，你看
92 到了两个什么？你确实看到了两个什么东西，但却不是两根手指，因为这里只有一根手指。但是，尽管如此，你确实**看到了两个什么东西**。这些东西是什么？给它们起个名字，就叫它们感觉予料吧……论证就这么开始了，其展开方式与之前的情况一样。关键的错误步骤在

于，由于我们有看见两根手指的现象，所以我们认为，我们应该说自己看到了两个东西。但是，当然，我们并未看到任意两个东西，我们看到了一根手指，我们看到它变成了两个。现在，我们该如何准确地分析这个论断？我认为，答案是：体验本身把"这里应该有两根手指"当成了其满足条件。当然，我们并未立即假定，这里有两根手指，而且，这些知觉体验的性质确实不同于将你的眼睛聚焦于一根手指上，并且以一种统一的方式看到它。那么，究竟有两个什么东西呢？答案是，有两个视觉体验，它们对同一根手指给出了两个呈现，**但你并未看见视觉体验**。相反，视觉体验是看见的行为本身（seeing itself），并且看见的行为以两种形式呈现了手指。在"觉知到……"（aware of）的构造意义上，你觉知到了两根手指的体验。在意向主义的意义上，你有两根手指的呈现作为满足条件，但这些条件实际上并未被满足，因为这里只有一根手指。

我一直在讨论标准论证，但我必须在这点上提出一个反驳。重影中手指的图像实际上并不像当我将眼睛聚焦在手指上并且两个图像合并时产生的图像。可以说，图像是透明的，因为，当我将注意力集中到远处的墙上时，尽管手指挡着视线，我还是能完全清楚地看到远处的墙。

3. 麦克白的匕首

在我面前摇晃着，
它的柄对着我的手的，
不是一把匕首吗？
来，让我抓住你。
我抓不到你，
可是仍旧看到你。
不详的幻象，
你只是一件可视不可触的东西吗？
或者你不过是一把想象中的匕首，

93

从狂热的脑筋里发出来的虚妄的意象吗？

我仍旧看见你，

你的形状正像我现在拔出的这一把匕首一样明显。[9]

麦克白的匕首是最为著名的一个幻觉论证（Argument from Illusion）。它是一个已经被我驳斥过的幻觉论证（Hallucination Argument）的变种，所以我会简而言之：麦克白看到了一把匕首，但却不是一把真实的匕首，而只是一把想象的或者幻觉的匕首。但这个体验无法与看见一把真实的匕首的体验区分开来。在幻觉中，他并未看到一把真实的匕首，而只是一把匕首的感觉予料。但是，由于这两种情况无法区分，所以，我们应当对二者给予同样的分析，因此，我们必须说，在真实的情况下，他并未看到匕首本身，而只是看到了匕首的感觉予料。我们应该说，在每种情况下，我们都没有看到一个本体论上客观的现象，而仅仅是本体论上主观的感觉予料。

现在，读者应该可以非常清楚地看到论证中的谬误了。在"看见"的意向主义的意义上，麦克白没有看见任何东西（至少就匕首而言没有看见任何东西；或许他看见了他的手，但是就匕首而言，他什么都没看见）。他体验到了一种幻觉，我们甚至也可以说是他"看见了"一把幻觉的匕首。但是，正如我们已经看到的那样，这是在构造的意义上而非在意向主义的意义上来说的。在幻觉中，**不存在知觉的对象**。确实有一种觉知，这种觉知与它本身是同一的。因此，可以认为，似乎命名它的名词是"觉知到……"的直接对象。

94

III. 坏论证在哲学史上的后果

自笛卡尔以降的认识论都基于一个错误的前提。如我之前所言，这就好比数学家试图基于数字不存在这个假设来研究数学。或许你在认识论中会得到一些精巧的结论，但它们都犯了悲剧性的错误[10]。

我已经表明，笛卡尔之后三百年的认识论在很大程度上——尽管并不完全——是坏论证的结果。具体来说，如果你认为，你通过知觉唯一把握到的东西是你自己的主观体验，那么这就存在一个严重的、确实无法解决的问题，即，你如何能够据此确信你拥有一个外部世界存在的知识？要想表明接受坏论证在多大程度上决定了认识论的因此也是哲学的进程，我们需要对经典哲学家的著作投入巨大的精力来进行学术研究。我不打算这样做，但我会通过大量的实例来表明，这个问题本身是如何产生的。让我们从休谟开始，因为他的例子是最清楚的。

休谟告诉我们，我们所能知觉的一切都是我们自己的主观印象和观念，二者间的区别在于其强烈和生动程度。印象比观念更强烈。如果我看着我眼前的桌子，我实际所见的一切并不是一个独立存在的（本体论上客观的）物质对象，而是我自己的（本体论上主观的）印象，即在我的心灵中活动的东西。如果我闭上眼睛想想这张桌子，那么我所知觉到的是我的印象的一张模糊的图像，**即桌子的观念**。接下来，他告诉我们，印象来自我们灵魂中不为人知的原因[11]。休谟确实假定，普通人就物质对象来说是拒绝素朴实在论的，而且他也假定，他们自己对感觉的知觉是感觉的印象。但是，休谟认为，既然他们也相信自己看到了桌子和椅子，那么他们一定相信桌子和椅子是感觉的印象。他发现他们也相信这些桌子和椅子有一种持续的和不同的存在，甚至当我们并未知觉它们时，它们也继续存在，而且，它们具有不同于我们对它们的知觉之存在。但是，如果我们的印象只存在于心灵中，如果仅当它们被知觉时它们才存在，那么这又如何可能呢？休谟认为，我们不能问身体是否存在、"是否有身体"这样的问题，而只能问："什么原因诱使我们相信身体的存在？"对身体存在的信念是这样一种信念，即，我们自己的印象有持续的和不同的存在。这是完全没有任何理性基础的，但休谟详细地解释了为什么想象致使我们得出了这个虚幻的结论。他的回答是，我们没有理性根据去假定印象具有持续的和不同的存在，因此，也没有根据去假定物质对象有持续的和不同的存在。这些都是我们自己通过想象活动创造的幻觉。休谟这里有两个关键的论断：（1）我们通过感官所知觉的一切都是"感觉的印象"；（2）印象来自灵魂中不为人知的原因。

96　　　　休谟关于物质对象的知觉理论我们简要概述如上。现在假定，他的出发点有所不同。假定休谟说，心灵的内在实存者包括印象和观念，其中印象比观念更强烈，在感觉印象中，印象是由物质对象的体验和外部世界的其他特征所引起的。世界存在于我们的心灵之外，并且独立于我们的心灵。当休谟说，印象来自心灵中不为人知的原因时，这是一个令人震惊的论断。设想一下现在我正在看桌子：我毫不怀疑我对桌子的印象来自哪里——它是由桌子的各种特征之呈现所引起的。但是，当休谟说印象来自灵魂中不为人知的原因时，他实际上否认了这一点。简言之，一旦你接受了休谟最初建立在坏论证之上的假设，那么怀疑的认识论就会接踵而至。

我们始终要小心一个哲学家理所当然地认为如此显而易见因而根本不值得论证的那些东西。当休谟说心灵的知觉把它们自己分成了印象和观念时，他是把它作为一个明显的事实来陈述的。当他说印象来自灵魂中不为人知的原因时，他也认为这是一个明显的事实。但是，二者都不明显，事实上，根据一种自然的解释，它们都是错的。如果知觉意味着"我们所知觉的"、他在某一点上告诉我们的东西，就是他通过知觉所意指的东西，那么我们常常能知觉到那些并非印象的东西，例如，椅子、桌子、山、树和房子。此外，我们的印象的原因是什么，这是显而易见的，至少在这些例子中，印象是由我们所看到的真实的物体引起的。但是直接实在论的观点是他所不能接受的。他认为，直接实在论显然是错的，而且，正如我指出的那样，我只能找到一个明显反对它的论证。

当我们转向康德时，我们发现坏论证对他的影响更为显著。康德
97　也认为坏论证的结果是理所当然的。在《纯粹理性批判》［康普·斯密（Kemp Smith）英译本第 22 页］的引言中，他提到"对象或者——这是一回事——对象惟一在其中（作为被给予的对象）被认识

的经验遵照这些概念"①。因此，和休谟一样，康德也将对象和体验等同了起来。

康德的全部预设是，我们绝不可能具有对物自身的知识。但是，假如《纯粹理性批判》一开始是这么说的，即"通常，在知觉体验中，我们对物自身，对山、树、椅子、桌子等有直接的知觉"，那么很难想象他如何能够写出《纯粹理性批判》这么一本书来。同样，就休谟而言，如果他说，"感觉印象来自灵魂中为人熟知的原因，它们通常是由我们看到或者以其他方式知觉到的现实世界中的对象和事态所引起的"，如果他把直接实在论作为其出发点，那么很难想象他有多少怀疑论的论证可以幸存下来。我一直设想，他关于因果和归纳的怀疑论可以在脱离其现象主义的情况下得到表述，尽管巴里·斯特劳德（Barry Stroud）[12] 在他最近的一本书中对此做了反驳。

康德在形而上学中的"哥白尼式革命"建立在对坏论证的结论之接受上。我不是说他自己提出了坏论证；我未能在他的作品中找到这样的论证，但他确实接受了这样的结论，即，我们所能知觉的一切都是我们自己的表象。他说：

> 如果直观必须依照对象的性状，那么，我就看不出，人们怎样才能先天地对对象有所知晓；但如果对象（作为感官的客体）必须遵照我们的直观能力的性状，那么，我就可以清楚地想象这种可能性。但由于如果这些直观应当成为知识，我就不能停留在它们这里，而是必须把它们作为表象与某种作为对象的东西发生关系，并通过那些表象来规定这个对象，所以我要么可以假定，我用来做出这种规定的那些**概念**也遵照该对象，这样一来，我就由于能够先天地对它有所知晓的方式而重新陷入了同样的困境；要么我假定，对象或者——这是一回事——对象惟一在其中（作

98

---

① 中译本参见：康德. 纯粹理性批判. 李秋零，译. 北京：中国人民大学出版社，2004：11.

为被给予的对象）被认识的经验遵照这些概念。[13]

他的意思是，如果我们假定对象是独立于对它们的体验而被给予的，也就是说，如果我们假定某种实在论的知觉理论，那么关于对象我们不可能先天地知道任何东西。但是，如果对象恰恰就是体验，那么我们可以先天地知道心灵在对象上设定了什么条件。因此，我们有可能获得先天综合命题，而整个康德的"哥白尼式革命"就是要创造这种可能性。

此外，根据康德，如果我们接受了普通对象就是物自身的观点，那么怀疑论就会随之而来。他说：

> 如果我们使外部对象被视为物自身，那就完全不可能理解，由于我们仅仅依据在我们里面的表象，我们应当如何达到它们在我们之外的现实性的知识。因为人们毕竟不能在自身之外感觉，而只能在自身之内感觉，因此，整个自我意识所提供的无非仅仅是我们自己的种种规定。[14]

这是令人惊讶的一段话，也是坏论证的一个明显的例子。如果诸如椅子、桌子、树和石头这样的对象是物自身的话，那么我们根本就不可能具有关于它们的知识，因为我们自己的知识是我们的表象，它们"在我们之中"。但这是为什么呢？康德那里的唯一答案就是坏论证。我们意识到我们的表象，意识到对象，但是我们只意识到了一种东西，而且它在我们之中。

99

IV. 结论

在这一章，我试图去补充第一章所遗留下的那些细节。我所做出的两个主要论断是：第一，坏论证无处不在，它既影响了从笛卡尔到康德的经典哲学家，甚至也影响了许多当代哲学家。第二，它极大地影响了认识论的进程。

注释

[1] 从形式上来说，这种转换是从"肯定前件式"（modus ponens）变为"否定后件式"（modus tollens）。原本的坏论证是：如果 p（好的情况和坏的情况都有相同的内容），那么 q（素朴实在论为假）。p，所以 q。析取主义的版本是：如果 p，那么 q，但是非 q（素朴实在论为真），所以非 p（好的情况和坏的情况不具有相同的内容）。正如吉尔·哈曼（Gil Harman）的著名论断："一个人的肯定前件式就是另一个人的否定后件式。"

[2] McDowell, John. "Criteria, Defeasibility, Knowledge," in Alex Byrne and Heather Logue, *Disjunctivism*：*Contemporary Reading*, Cambridge, MA：MIT Press, 2009, 75–90.

[3] Berkeley, George. *Three Dialogues Between Hylas and Philonus*. Indianapolis, IN：Bobbs-Merrill, 1954, 15.

[4] Berkeley, George. *Three Dialogues Between Hylas and Philonus*. Indianapolis, IN：Bobbs-Merrill, 1954, 15.

[5] Hume, David. *A Treatise of Human Nature*, ed. L. A. Selby-Bigge. Oxford：Oxford University Press, 1888, 210–11. ［中译本参见：休谟. 人性论. 关文运，译. 北京：商务印书馆，1980：238。——译者注］

[6] Ayer, A. J. *The Foundations of Empirical Knowledge*. London：Macmillan 1953，p. 4（强调为笔者所加）。

[7] Robinson, Howard. "Selections from *Perception*," in *Disjunctivism*：*Contemporary Readings*, 153（强调为笔者所加）。

[8] Austin J. L. *Sense and Sensibilia*, ed. G. J. Warnock. Oxford：Oxford University Press，1962.

[9] Shakepeare, William, *Macbeth*. Act II, Scene 1, 33–41. ［中译本参见：莎士比亚. 麦克白//莎士比亚全集：第六卷. 朱生豪，译. 南京：译林出版社，1998：134。译文稍有改动，将"刀子"改成了"匕首"。——译者注］

[10] 将大量时间浪费在整个观念论传统上多少有些不值当。碰巧的是，拉什达尔（Rashdall）购买的布拉德利（Bradley）第一版的《显像与实在》（*Appearance and Reality*）落到了我手里。我在牛津的派克书店（Parker's）买了这本二手书。它被拉什达尔亲手用铅笔认真地标注了各种评论和注释。现在，这本书的大部分读者很可能从来没听过拉什达尔，尽管他是他那个时代的一位著名的牛津哲学家。你们中的许多人很可能也从未听说过布拉德利，尽管他是他那个时代最重要的英语哲学家。至少在英国，他被视为那个时代以英语写作的最重要的哲学家。拉什达尔和布拉德利试图搞清楚黑格尔绝对观念论的理智后果，但可悲的是，他们为此白白耗费了巨大的理智努力。我想知道我们的思想的子孙后代（intellectual great-grandchildren）会不会发现我们的努力是徒劳的，就像我们发现我们的思想的伟大先辈（intellectual great-grandparents）的努力是徒劳的那样。

[11] Hume, David. *A Treatise of Human Nature*.

[12] Stroud, Barry. *The Quest for Reality*: *Subjectivism and the Metaphysics of Color*. Oxford: Oxford University Press, 2000.

[13] Kant, Immanuel. *Critique of Pure Reason*, tr. Norman Kemp Smith. London: Macmillan, 1929, p. 22. ［中译本参见：康德. 纯粹理性批判. 李秋零，译. 北京：中国人民大学出版社，2004：11。——译者注］

[14] Kant, *Critique of Pure Reason*, p. 351. ［中译本参见：康德. 纯粹理性批判. 李秋零，译. 北京：中国人民大学出版社，2004：235-236。——译者注］

第四章　知觉意向性如何工作（一）

基本特征、因果关系与意向内容

本章与下一章是本书的核心理论部分。它们旨在——至少部分
地——解释：知觉体验，尤其是视觉体验的现象学是如何设定满足条
件的。这是一种奇特的说法：它们解释了你体验的原始感受（raw
feel）如何决定了你觉得你正在知觉的究竟是什么。这个问题并非相
对无意义的："究竟是什么样的事实使你看见了红色的东西？"这个问
题并不难回答。从哲学上来说更困难的一个问题在于："关于你当下
视觉体验之现象学的何种事实使得如下情况必然成了事实：如果你有
这样的现象学，那么你会认为你正好看见了某个红色的东西？"为什
么这一问题不仅更加困难而且还更加重要呢？因为，知觉体验的本体
论是主观的，而这样的本体论必定内在地与构成满足条件的世界之本
体论上客观的特征相关。原始现象学（raw phenomenology）必定具
有拥有确定那些满足条件的特征。这一观点的完整意义将在接下来的
讨论中得到呈现。

我首先要申明的是，我不打算讨论所有甚或大多数相关的论题。
现象学与意向性之间的关系是非常复杂的。我此前提到，一种在并行

101 的（collateral）意向性中的变化能够在现象学中引起一种变化。如果我相信这是**我的**车，那么它看上去就不同于同一类型的其他车。如果我相信这幢房子只不过是电影片场中的一面幕墙，那么它看上去就不同于如果我相信它是一幢真实的房子时所看到的那个样子。即使知觉刺激保持不变，信念仍会以改变意向内容的方式影响现象学。有时，现象学并不与我们认为应当如此的情况相一致。在"米勒-莱尔错觉"中，线的长度看上去不同，因此，意向性就是，它们的长度不同，但是我很清楚，它们的长度相同。从生物学和进化的观点来看，知觉现象学必定把我们与被知觉的世界直接关联在了一起。那么这是如何实现的呢？我将着重对我认为是这个问题最基本的部分进行阐释。

I. 分析哲学及其回退路线

在继续分析之前，我想将此讨论置于当代和当今哲学之更宏阔的传统之中。在很大程度上，分析哲学是关于真之条件的规定。众所周知，弗雷格论证了"意义"与"指称"的区分，并以此来说明同一陈述的真值条件，例如，"暮星就是晨星"。罗素论证了谓词演算的特定应用，以此来展示那些明显指称非存在对象的句子的真值条件，例如"当今法国国王是秃头"。在一种意义上，他们的任务比我们的简单，因为他们可能依赖于这样一个事实，即我们都熟悉各种语言的约定
102 （convention），例如，通过约定，特定的声音有特定的意义和指称。他们可以假定，我们都理解，对于某物而言，它成为红色的，或者成为国王，或者成为法国是什么样的。在一种更深刻的意义上，他们的任务比我们的更为简单，因为他们可以假定，我们试图解释的东西，即世界是前语言地被呈现给我们的，尤其在知觉中是如此，进而，我们使用前语言的呈现来构造语言的表象。现在，我们想考察一下前语言的知觉呈现。经典经验主义者——洛克、贝克莱、休谟，等等——

正确地看到，通过语言所表达的经验知识，在某种意义上，必定源于知觉。但是，他们从来没有对语言或者知觉给出一个令人满意的解释。他们未能回答我们需要回答的问题，部分是因为坏论证，而部分是因为他们缺乏一种意向性理论。当然，我们不是在做出坏论证，而且我们有一种意向性理论。我正是在此基础上推进我的工作的。

在《意向性》[1]这本书中，我一般把对句子的分析扩展到对于意向状态的分析。正如我们可以对"法国国王是秃头"这样的句子的真值条件进行分析那样，我们也可以对"法国国王是秃头"这样的信念的真值条件进行分析，对"法国国王应当是秃头"这样的欲望的满足条件进行分析，对"让法国国王变成秃头"这样的意向进行分析。我们可以一般地把满足条件的观念扩展到意向状态。这种对意向性进行分析的方法正是对分析哲学传统的一种延续。你揭示了表象的特征——语言的或非语言的，借由这些特征，它们表象了世界中的事态。在这一章，我们会指出，我们必须做确实与这个传统完全不同的事情。我们从世界返回到对意向内容的确定上来[2]。众所周知，罗素教导我们，没有从世界向意义、从指称向意义的回退路线（backward road）："……没有从指称（denotations）向意义的回退路线，因为每一对象都能够被无限多不同的指称词项（denoting phrases）所指称。"[3] 但是，在这一章，我们会发现，为了使体验与它所呈现的对象类型之间建立起一种内在的关联，就必须存在这样一条回退路线。我希望在下文中澄清这些模糊的说法。

II. 视觉的边界

这里存在着我们的解释必须面对的某些约束条件和我们必须做出的某些假设，我想在一开始就把它们说清楚。

（a）**这一解释必须一般地适用于知觉动物。**这不能局限于掌握语言的成年人，它也必须适用于动物和儿童。例如，我的狗塔尔斯基拥有极其敏锐的视觉，而且任何视觉哲学都必须适用于它的体验。

(b) **这一解释必须尊重现象学。**我们具有那些能够自然地刻画为拥有一种非常丰富的意向内容的体验，这仅仅是关于人类现象学的一个事实。所以我们并不经常像"我看见了颜色和形状"这样来表达事物；而是像"我在停车场看见了我的车"、"我在博物馆看见了维米尔的画"以及"我看见雨云正在西北方聚集"等等这样来表达事物。我们甚至可以看到否定性的事实，例如，"我立刻看到教室里没有人"，以及附条件的事实，例如"我能看到，如果他再往前走一步，他就从边上掉下去了"。所有这些陈述在字面上都可能是真的。

(c) 除了尊重具有丰富意向内容的现象学之丰富性，**我们还必须尊重知觉状况的纯粹物理学和生理学**。所有我们所接收到的都是对视网膜的表面刺激（surface irritations）或者是对其他外围神经末梢的刺激——蒯因称之为"神经触动"（nerve hits）。我们是如何从这样一种有限的生理学的输入中获得如此丰富的现象学的呢？

(d) 即使尊重现象学和生理学，**我们也必须找到知觉意向性的上限**。我可以直接看到，在我面前有一个红色的球；我也可以直接看到，天开始下雨了。但是，其他的一些论断更成问题。我们像"我看到这个男人喝醉了"或者"我看到她很聪明"这样来表达事物，但它们是视觉的表面报道（literal reports）吗？在极端情况下，有一些直接的隐喻。"我看到了康德在西方哲学史中的重要性"，这是一个隐喻，而并未报告视觉。"我看到了红色的球"确实报告了视觉。在视觉中，视觉的上限是什么呢？我将在下一章设法来解答这个问题。

(e) **我们把意识和意向性看作生物学上的所予**（given）。我们假定，神经生物学能够产生意识的复杂形式，而且更成问题的是，我们假定，意识的意向形式与非意向形式之间的区别也是在

生物学上被给予的。我们的问题不是："儿童或者动物如何知道　*105*
视觉和触觉能使他们通达世界？"而毋宁是："有意识体验的某些
特征如何呈现世界的某些特征？"

III. 客观与主观知觉领域

本章和下一章的目标是解释客观与主观知觉领域之本质以及二者
间的关系。我会照旧集中于视觉上。我会重复在前几章中所提出的一
些观点，从那些我认为我已经确立并且主导后续研究的一些一般原则
出发。

1. 无论我们在什么时候有意识地看到了什么东西，我们所看到的事态在我们之中引起了一种有意识的视觉体验

这一体验具有一些令倾向于唯物主义的哲学家尴尬的一般属性。
首先，视觉体验在本体论上是主观的：它之所以存在，仅仅是因为它
被一个人或动物主体所体验到。其次，因为它是主观的，所以它也总
是质（性）的：始终有某种定性的特征，就像具有视觉体验那样。最
后，视觉体验并不孤立，而是作为整个有意识的主观领域之一部分出
现，而这个领域具有一般意识的特征。这就使事情变得更加复杂了：
视觉领域本身始终是作为整个主观的意识领域——包括其他知觉模
式，例如，触觉和听觉体验、思想流、情绪、情感以及诸如疼痛这样
的各种身体感觉——的一部分。这一章的主要研究目标是主观视觉领　*106*
域中的主观视觉体验，主观视觉领域是整个主观意识领域的一部分。

2. 主观视觉体验具有内在的意向性

视觉体验伴随着内嵌于其中的满足条件（在要求的意义上）一起
产生。如果我没有在远处看到旧金山湾，没有在前景中看到北伯克利
的树梢和房屋，我就不可能具有当下的视觉体验。有意识的视觉体验

具有极为丰富的有意识的意向性作为其内容的一部分。

3. 主观视觉领域必须明确地与客观视觉领域区分开来。前者是对后者的意向性的呈现

客观视觉领域在本体论上是公共的和客观的，是第三人称的对象与事态的集合，这些对象与事态的集合，被认为与一个特定的知觉者及其观点有关。那么，现在，客观视觉领域对我来说是由所有我能够在我当前的生理学状态和心理学状态中并且从这个视角出发在这些光照条件下所能看到的对象和事态。主观视觉领域是本体论上私人的、第一人称的、完全在头脑中进行的那些体验的集合。

4. 在客观视觉领域中，一切都被看见或者能够被看见；在主观视觉领域，没有什么东西被看见或者能够被看见

我的客观视觉领域被定义为在这些条件下从我的观点出发能够被看到的对象和事态的集合。另一方面，我的主观视觉领域，在本体论上是主观的，而且它完全存在于我的大脑中。应当再次强调的最重要的事情是：**在主观视觉领域，什么都看不到。**这并不是因为主观视觉领域中的东西是不可见的，而毋宁是因为它们的存在就是在客观视觉领域中对对象的看。不论你看到了什么东西，有一样东西你是看不到的，那就是你对这个东西的看。不论是好的情况（知觉），还是坏的情况（幻觉），不论是真实的（知觉），还是幻觉，这一点都是成立的，因为在幻觉中，你什么都看不到。换言之，如果认为主观视觉领域中的东西本身被看到了，那么这就犯了坏论证的错误。如我在前文所认为的那样，正是这一灾难造成了过去四个世纪西方哲学的大量灾难。

我实际上认为，如果这一观点不仅被视觉理论所接受，而且也被一般的知觉理论所接受的话，那么自 17 世纪以降的整个西方哲学史就可能是另一副模样了。如果所有人都理解，在主观的知觉领域中，你什么都看不到或者什么都知觉不到，那么，从笛卡尔的知觉表象理论（Representative Theory of Perception）直到康德的先验观念论，

107

许多可怕的错误就可能被避免。

5. 知觉是"透明的"

对客观视觉领域和主观视觉领域的描述将会是完全相同的：相同的语词，相同的次序。现在我希望，这是出于一个明显的理由，主观视觉领域是对客观视觉领域的一种意向性的呈现。所以，就我从表面上看到的东西而言，我说"我看到旧金山湾的左边是半岛，右边是马林郡"。如果我只想谈及我的视觉体验，那么我会说，"我有一个视觉体验，这个视觉体验恰恰就好像我看到旧金山湾的左边是半岛，右边是马林郡那样"。[在日常英语中，为了把视觉体验分离出来，我们一般会使用"好像"（seem）这个词，说"我好像看到了旧金山湾"，等等。但是这些句子中的"好像"有一定的模糊性。因此，"我好像看到了旧金山湾"可以有两种解释："我觉得我看到了旧金山"，或者，"我有一个视觉体验，这个视觉体验正是我好像看到了旧金山湾"。为了避免这些模糊性，我明确规定了视觉体验，而并不使用"好像"这个词。]

顺便说一下，有必要指出，相同的平行论存在于人类行动的结构中。我抬起我的胳膊这一行动可以被描述为一个客观事件——我的胳膊抬起来了，也可以被描述为一个主观的意向现象——"你在做什么？""我正尝试抬起我的胳膊。"我们可以把主观的事件与客观的事件区分开来，因为主观的事件是我的行动中意向，是我的"尝试"（trying）。客观的事件是我的尝试之结果，即我的胳膊抬了起来。行动确实是与具有不同适应指向和不同因果指向的知觉平行的。在行动中，客观的要素是作为我的身体之一部分的胳膊抬了起来，这一动作的发生是由主观的元素引起的，即我有意识地尝试抬起我的胳膊。在知觉中，客观的要素是被知觉的事态，它引起了主观的元素，即有意识的知觉体验。

6. 你的知觉的意向对象是其意向的原因

像我们人这样有意识的动物都有一种基本的背景倾向（background disposition），即我们把知觉的意向对象当作引起知觉体验的东西。在你虽然对你的知觉对象一无所知，但你至少知道它引起了知觉体验的情况下，这一点可能再明显不过了。设想一下如下集中情况：在黑暗中撞到什么东西，或者突然听到的一声巨响，或者闻到一股难闻的气味，或者在窗户上看到了不希望发生的画面。在所有这些情况下，我假定你不知道你在知觉这件事意味着什么（这是在你无法辨识它的意义上说的），但是，在每种情况下你都知道你的知觉对象就是引起知觉体验的那个东西。这是本章论证的一个关键点。在其他条件相同的情况下，**每当你有意识地知觉什么东西时，你都将你的知觉体验的原因当作其对象**。这一原则既适用于对个体对象的知觉——例如，当你看到你的配偶时，也适用于对一般特征的知觉——例如，当你看到某物是红色的时。当然，我现在讨论的是意向的因果关系，也就是说，你所具有的特定意向内容的原因是你知觉的意向对象。那么，在当前情况下，我对旧金山湾的视觉体验的原因是旧金山湾。为了使"我看见旧金山湾"这一行为发生，有一种非常复杂的关于视觉神经生物学的非意向因果关系（causal story），如果没有那种因果顺序（causal sequence），知觉行为就不可能发生。例如，因果关系涉及 V_1（视觉区域 1）和 LGN（外侧膝状体核）之间的反馈机制。但是 V_1 和 LGN 既不是意向内容的一部分，也不是其意向对象。这是一种非常复杂的非意向因果关系，正是这一关系使得意向性成为可能。

我们并不持有一种**理论**，即引起我们有意识体验的东西就是我们正在知觉的东西，我们单纯地以为这是理所当然的。这是一个在生物学上被给予的背景预设。我听说有哲学家们宣称，在视觉中我们并不体验因果关系。这简直太扯淡了。如果我不具有对引起体验本身的事物之体验，那么我就不可能具有这些视觉体验。对我适用的东西也同样适用于我的狗和其他那些有意识地进行知觉的、具有与我们相似的知觉装置的动物。

IV. 主观视觉领域的结构

在本节和下一节中，我将展示知觉内容和满足条件的一些核心形 *110*
式特征。之所以说这些特征是形式的，是因为，它们对任何特定的内
容都不是明确而具体的，但却完全适用于一切例如呈现一种颜色或一
种形状的内容。

客观视觉领域典型地包含持存的物质对象和事态。在主观视觉领
域中没有什么东西是持存的，一切都是暂时的、转瞬即逝的过程，每
当你闭上眼睛时，一切都消失了。主观视觉领域是由视觉过程而非永
恒的对象所构成的。

主观视觉领域中的诸过程、体验具有意向性这一事实，正如之前
在第二章提到的那样，引出了两个重要的结论：（1）所有的看都是**看
作**（all seeing is *seeing as*）；（2）所有的看都是**看见……**（all seeing
is *seeing that*）。我将依次对这两个结论进行考察。

看作和侧显形式（seeing as and aspectual shape）①。因为呈现的
视觉意向性是表象的一个亚种（subspecies），而且因为所有表象都处
在某些特定的视角下，所以，视觉呈现将始终从某些特定的方面来呈
现其满足条件。因此，例如，我从某个特定的视角看到了我面前的
这张桌子，而且我只看到了这张桌子的某些方面。我从这个角度看
到了它的表面和侧面。对这种情况有效的东西也一般地适用于其他
情况。

看见……（seeing that）。因为所有知觉意向性都设定了满足条
件，而且因为，条件始终是如此这般的一个东西（such and such）所

---

① 关于"aspectual shape"，徐英瑾在《心灵导论》中将其译为"面相形式"［参见约
翰·R. 塞尔. 心灵导论. 修订译本. 徐英瑾，译. 上海：上海人民出版社，2019：300］，
而王巍在《心灵的再发现》中将其译为"侧显形式"［参见约翰·R. 塞尔. 心灵的再发现.
中文修订版. 王巍，译. 北京：中国人民大学出版社，2012：211］，这两种译法都没有问
题，但译者更倾向于"侧显形式"。

获得的条件，所以知觉意向性的内容就始终是那个如此这般。因此，例如，我们从来都不仅仅是看到了一个对象。我们看到的是一个面前的对象——在前面，在左面，在上面，或在下面。在每个视觉体验中，一些总体的事态被呈现了出来。但是，现象学向我们掩盖了这一点，因为它给我们造成了这样的印象，即视觉体验是与对象的一种单纯关系。但事实并非如此。我们所看到的始终是一个总体的事态，而这源于视觉体验的意向性。

111

在前文中，我提到，知觉始终有一个命题内容。这话当然不假，但它却会误导哲学家们，理由有二：一是，许多哲学家都持有非常错误的观点，认为命题态度是由与命题的关系构成的。在坏论证的变形中，他们假定，命题必定是知觉的对象。二是，他们假定，这些命题是"抽象的"东西。为了防止这两种误解，在知觉分析中，我不再使用命题的概念，而只说，知觉体验把"如此这般的情况"这一**条件**作为其内容（the perceptual experience has as content the *condition that* such-and-such is the case）。要求意义上的"条件"与"命题"同义（因为条件始终是如此这般的某个东西的条件），但我希望它能避免误解。

V. 视觉的等级结构

当这两个特征在与人类视觉体验之现象学的关系中得到正确理解时，它们便产生了重要的后果。知觉体验是典型地、被有层次地构成的。我反复重申，正常人的视觉体验具有非常丰富的意向内容。例如，我并不仅仅看到了颜色和形状，我还看到了一些车和房子。我并不仅仅看到了一些车和房子，我还看到了我的车和我的房子。那么，这一切是如何可能的？可能的原因在于，**丰富的意向内容需要一个低级知觉特征的等级结构，所有这些知觉特征都是看作之内容的部分**。"看作"的观念已经隐秘地暗示了一种等级结构，因为，要想把 X 看作 Y，你就必须看到 X，这是等级结构中的低阶，然后，你必须把 X 看作 Y，这是高阶。

　　许多年前亚瑟·丹托（Arthur Danto）引入了基本行动（basic action）的观念[4]。我并不关心他本来的意图是什么，但我发现他的这个观念很有用，我是这样使用它的：一个基本行动就是你在不必采取任何其他行动的情况下所能采取的行动。因此，对我来说，举起我的胳膊是一个基本行动，我不必采取任何其他行动，只要举起它就行。但是，写这本书就不是一个基本行动。为了有意识地完成这项任务，我就必须有意识地去做很多其他事情。由于知觉和行为的结构在形式上具有同构性，所以，我们可以把基本行动的概念扩展到基本知觉上。一个基本知觉就是你在不必知觉任何其他东西的情况下能对一个对象或特征具有的知觉。

　　让我们用一个简单的例子来说明。如我之前所言，我并不只是单纯地看到了颜色和形状，我还看到了一辆黑色的汽车。我并不只是看到了随便什么黑色的汽车，我看到的是一辆黑色保时捷 911 卡雷拉第 4 系列（Carrera 4）汽车。我看到的也不只是这个型号，而且我也看到这是我的车。**在每一层次上，对较高层次的知觉都需要一个对较低层次的知觉**。对我而言，把对象看作我的车首先需要把它看作某种特定类型的车，反过来，要想把它看作某种特定类型的车又需要首先把它看作具有某种特定形状、大小和颜色的车。在每一情况下，把对象知觉为具有较高层次特征的东西都需要对其较低层次特征的知觉。

　　最终，如果你按照这样的步骤进行，你就会达到最基础的层次。你会达到一系列根本无须借助对任何其他东西的知觉就能被知觉到的属性。我想引入一个技术性的术语来命名这些属性。**一切知觉都需要基本知觉属性或基本知觉特征**，在此，较高层次的结构等级下降到了特征的层面，而你无须知觉任何其他东西就能直接知觉到这些特征。**一个基本的知觉特征就是你无须知觉任何其他特征就能直接知觉到的特征**。汽车的颜色和形状就是这种意义上的基本知觉特征，

112

113

但是，作为一辆汽车或作为我的车并非基本的知觉特征。基本知觉特征是本体论上客观的。有这样一些东西，例如汽车的颜色和形状，它们可以为所有人知觉。与本体论上客观的基本知觉特征相对应的是对这些特征的主观视觉体验。我们在本章要强调的一个关键问题是：那些体验的现象学是如何把基本知觉特征设定为其满足条件的？

我认为，直观地来看，基本知觉特征的观念和与之相对应的视觉体验之等级结构是很清楚的。但是，要想把这一结构说清楚也并非易事，而且到目前为止，我也没有成功地做到让自己满意。直观上，颜色和形状都是基本的，但是，通常，你不可能只知觉到其中的一个而没有知觉到另一个。因此，哪一个更基本呢？一个基本的知觉特征是你无须通过知觉任何其他特征就能直接知觉到的特征。但是，颜色和形状是一起被知觉到的，因此，它们似乎是同样基本的。对此问题，我并没有解决办法，但是，我接下来的讨论会建立在这样一个直观的观念上：（1）知觉是有等级结构的；（2）这一等级结构可以沉降到最基本的特征上。或许，处理颜色和形状问题的正确方法是把这些情况下的基本特征看作有颜色的形状。

为了使主观知觉领域足够丰富以确定意向内容，对于对象的每一基本知觉特征而言，都必须有一个与那一基本视觉属性相对应的主观相关物。这就意味着，在主观视觉领域中，必须存在与颜色、线、角、形状、空间关系甚至时间关系相对应的有意识过程。但是，它们如何存在呢？例如，在视觉领域中，根本不存在真正（literally）红的东西和真正圆的东西。红和圆是能够真正被看到的对象的客观特征，但是，需要反复重申的是：在主观领域中，不存在任何能够被真正看到的东西。我认为这种观点是正确的，而且很有力；但是，我仍然想坚持这样的观点，即，如果我们要理解视觉，那么，例如，当我看到一个红色的球时，我们就必须理解，球的红在我的主观视觉领域中有一个心理学的相关物，球的圆亦如此。下面，我来解释一下我的观点。

114

VI. 主观视觉领域的现象学特征是如何决定视觉体验之满足条件的？

这并不是一个无关紧要的问题，我在我生命的不同阶段曾坚信的一些命题现在看来是错误的。我认为，对我来说回答这一问题的最好办法就是遍历那些引导我抱持当前立场的那些步骤。我希望这不只是自传式的自我陶醉（autobiographical self-indulgence）。我认为努力思考这些问题的人也可能想亲历我已经完成的那些步骤。

我自己思想发展的一些阶段

第一阶段，《意向性》，1983。去引号。当我写《意向性》时，我并不认为这里存在一个**内在的**知觉意向性如何规定满足条件的实质性问题。这里的哲学问题在于，"那里有一个红色的球"这个句子是如何规定真值条件的。这个句子具有派生的意向性，而我们需要解释它是如何以及从什么东西中派生出来的。但是，如果我真正看到那里有一个红色的球，那么，我的视觉体验就具有内在的而非派生的意向性。这里似乎没有回答意向性如何规定满足条件这个问题，而只是说它已经内在于体验之中，因而它设定了那些条件：如果它并不具有那些满足条件，那么它就不可能是那种类型的体验。对内在意向性与事态之间关系的唯一刻画，就是那种并不重要的去引号的刻画。对于为什么这个体验确定了那里有一个红色球这一满足条件，我们所能给出的唯一理由是，这一体验恰恰就是好像看到那里有一个红色球的体验，就是说，只要球的呈现和红色引起了这种视觉体验，那么它就被满足了[5]。

就这个去引号的概念而言，不存在任何所谓原始现象学如何规定满足条件的问题，因为原始现象学**正就是**那些满足条件的呈现。就句子和图像而言，在对象与其满足条件之间有一条鸿沟。在句子中，这条鸿沟被句子的意义所跨越；在图像中，这条鸿沟被图像的表象特征

115

所跨越。但是，在有意识的知觉体验中，原始的体验不允许在体验与满足条件之规定性之间存在鸿沟。因为（在要求的意义上），满足条件只是体验的一部分。

第二阶段，内在特征。第一阶段似乎并不令人满意，因为视觉体验和其他事件一样是世界中的一个事件。视觉体验如何与其满足条件关联起来这应当是一个问题，而这个问题必须以非意向主义的方式得到回答。似乎先天地就必定存在视觉体验的那些规定满足条件的基本非意向特征。"那里有一个红色的球"这个句子，凭借附着在句子上的那些规定其意义的习惯规定了满足条件，而且意义又规定了那些满足条件。意义是被附加在某种缺乏内在意向性之物上的，也即作为一种句法现象的句子。在视觉体验中没有这样的习惯，但是必定存在视觉体验的某些其他规定那些满足条件的特征。第一阶段在这一点上是对的，即，满足条件以并不内在于句子或图像的方式内在于知觉体验。"内在的"意味着，如果体验不具有那些满足条件，那么体验就不可能是那种体验。但是，尽管如此，必定存在一个问题：它是如何工作的？特定的体验能够具有那些内在于它的满足条件，这是如何发生的？说事实就是如此毫无意义。事实当然就是如此。问题是，它是如何发生的？

第三阶段，等级结构与基本特征。第二阶段的研究表明，视觉体验确实是有等级结构的，而主观视觉领域中的等级结构与在本体论上客观世界中通过知觉可通达的等级结构相对应。因此，要想看到那是我的汽车，我就必须看到它是某一特定种类的汽车；而要想看到它是那一种类的车，我就必须看到它特定的颜色和形状。客观上，要想这辆车是我的车，它就必须是某种特定类型的车，而要想是那种类型的车，它就必须具有特定的颜色和形状。这一等级结构引出了基本知觉特征和基本知觉体验的学说。基本知觉特征是那些你无须通过知觉任何其他东西就能够直接知觉到的特征，而基本知觉体验就是对基本知觉特征的体验。

这是一个重要的结论，不仅因其自身，而且因为它表明，在第二阶段中有一种模糊性。应当有一些基本知觉体验的要求不同于这些特征应当被非意向主义地规定的要求。基本知觉体验仍然只能依照其意向性而得到刻画。即使知觉有等级结构，去引号仍然可能是正确的方法。 *117*

第四阶段，非意向的意向性。说由于第二阶段的观点，即，视觉体验像任何其他事件一样是世界中的一个时间，基本的知觉体验本质上是意向性的，这并没有令人满意地回答我们的问题，因此，必定存在那个事件的一些规定满足条件的特征，而那些特征也必定被非意向主义所规定了。为什么？因为否则的话，这个解释就是循环的，而且没有解释任何东西。也就是说，的确，对基本特征的体验具有内在的意向性，但是，那些非常内在的意向特征是**凭借**某物而成为意向性的，而那个某物现在必须被规定，但不能简单地以去引号的方式被规定。它们是基本的，而且它们内在地是意向性的，这在我看来就意味着，再没什么可说的了。

但这是一个错误。基本视觉特征具有内在的意向性这一观点本身并没有回答这一问题：它们是如何获得它们所具有的特定意向性的？这正是我现在试图回答的问题。

正如我之前所说，传统分析哲学通过解释其真值条件的方式来考察句子的意义。因为意义是常规性质的，在句子与其满足条件之间不存在内在的关联。句子可以被用来意指任何东西。但是，由于在有意识的知觉体验中，体验特征与其满足条件之间有一种内在的关联，所以我们必须解释这种内在的关联；而且我们能够解释的唯一办法就是从世界返回表象（或者在这种情况下，返回呈现），否则我们就无法获得这种内在的关联。我知道这听起来有点难以理解，但我会简要地做一下解释。

VII. 我当前的观点

第五阶段，事物如何存在，以及它们引起了哪些体验。我们需要 *118*

使问题明确。这个问题不是老哲学家们的问题，即"意向性究竟如何可能？"我认为这不是一个有意义的哲学问题。它像我们所抛弃的其他哲学问题一样。在一个无生命的物质世界中生命是如何可能的？在一个无意识的物质世界中意识是如何可能的？在一个非表象的物质世界中意向性是如何可能的？这些都不是哲学问题。第一个问题正在由进化生物学做回答，我认为第二个和第三个关于意识与意向性的问题正在由神经生物学做回答。例如，"意向性究竟是如何可能的？"这一问题是通过表明一个动物感到口渴是如何可能的而得到回答的。在很大程度上我们知道这些问题的答案。

我们所要提出的问题是更具体的问题："本体论上主观视觉领域之具体特征是如何呈现作为其满足条件的客观视觉领域之特征的？"对于我们的问题，有两种传统的回答，而这两种回答都是错误的。第一种回答是相似性（resemblance）。从洛克和笛卡尔以来的哲学家们一直到维特根斯坦的《逻辑哲学论》所共同持有的一种观点是，表象（representation）是通过表象行为（representing）和被表象者（represented）之间的相似性关系或同构性（isomorphism）而得到解释的。依照维特根斯坦的解释，在句子（Satz）和事实（Tatsache）之间有一种同构性。句子通过相似性来表象事实。事实由对象的组合（arrangement）所构成。句子由名称的组合所构成。句子表象事实，因为，在句子和事实之间有一种刻画关系。依照表象理论，在知觉中，我们在心灵中知觉到一幅图像，而图像通过它与世界中的对象的相似性来表象这一对象。这恰恰犯了知觉现象中坏论证的错误，

119 除此事实之外，我们还应看到这种解释在两种情况下都不起作用。假定我们忽略坏论证，我们只说视觉体验本身是红色的，它表象了世界中红色的对象，因为它与它们相似。我甚至听到一些哲学家说，视觉体验是红色的，这是在不同于对象是红色的那种意义上来说的。好吧，我们假定存在这样一些意义，在这些意义上，视觉体验是红色的，或者视觉体验是方形的，而且它们通过相似性来表象红色和方形的东西。视觉体验与其对象之间的这些相似性可以解释

视觉体验具有作为其满足条件的对象吗？它们根本没有任何解释力。有两个相似的东西这一事实并不能在知觉中或在语言中使一个成为另一个的表象。谁看到了这种相似性？我的左手和右手彼此相似，就像世界中的任意两个对象彼此相似一样，但是，其中一个不是另一个的图像、雕像或表象。相似性就其本身来说什么都解释不了。它没有任何解释力。哲学家们之所以会错误地以为它有解释力，是因为他们把意向性同化为了图像；而图像，例如我的驾照上的照片，事实上并不通过因果关系与相似性的一种组合来表象。但是应当注意到，相似关系不是对于描画（depiction）的解释，毋宁说，它是能使我们将其中一个解释为对另一个的表象的那些认识能力的冰山一角。两个相似的对象凭其自身根本无法解释表象，更不用说视觉的意向性呈现了。

　　而因果关系又如何呢？因果关系本身并没有什么解释力。让我们假定某种体验是由红色的对象所引起的。事实可能的确如此，但它本身并没有解释为什么体验具有作为满足条件的红色对象。大致说来，万物皆可为因果。假定看到红色的对象总会在我身上引起疼痛的感觉。这不会把疼痛的感觉变成一种将红色作为其满足条件的意向状态。如果我们要表明主观视觉体验的原始现象学特征是如何呈现其满足条件的，那么不论是相似性还是因果关系本身都无法担此重任。事实上，我认为，哲学家们居然常常诉诸它们来解释意向性，这或许是哲学的一个历史丑闻。这些错误可以从 17 世纪的知觉表象理论一直下溯到 20 世纪和 21 世纪的因果指称理论。我认为当代和晚近哲学最弱的特征之一就是诉诸"因果链"来解释语义学。这些"因果链"没有任何解释力。我已经在《意向性》（第八章和第九章）中对指称和意义的因果理论做过批判，所以在此不再赘述。

120

　　为了解释为什么相似性和因果关系都不能承担解释意向性的重任，我们有必要就一种解释需要什么多说两句。例如，我们正试图解释，为什么一定是看到了某个红色的东西这种情况——如果被满足了的话——是内在于**这个主观知觉体验的**。解释必须用那些本身并非意向主义的术语来陈述，而且也必须给出充分条件。它必须表明，为什么如果你有这种体验，那么你一定好像看到了某个红色的东西；为什么正是这一知觉体验将红色呈现为其满足条件？体验必定是由一个红色的对象所引起的，这的确是看到某个红色之物的必要条件；但这并未回答我们正试图回答的问题，这不是关于第三人称的客观事实对于我看到一个红色的对象这一情况来说是必要的，而是关于第一人称主观体验的事实使得一个红色的对象必然呈现这种情况为真。是什么样的关于这一体验的非意向事实——无论是真是假——使我觉得看到了一个红色的对象？我们并不试图给出必要条件，因为，当然，不同的
121 感觉模态（modalities）都能通达同一种属性，而在幻觉中，相同现象学类型的事件可以由某物而非其真正类型的对象所引起。我能既看到对象是圆的，也感觉到它是圆的，也能有看到某个圆的东西的视觉幻象。

"我面前有一个红色的对象"这个句子有其约定俗成的满足条件。这个句子也可以有不同的意指。但是，视觉体验的满足条件就在于，我面前有一个红色的对象必然具有那些满足条件。它有那些满足条件对于它成为这样的体验必定是本质性的。但这是如何发生的呢？

接下来，我想通过考察**"事物如何存在"**——也即主观知觉体验**的定性特征**——与主观知觉体验之间的因果关系相对于基本特征的关系来回答这一问题。这将使我们能够考察事物如何存在与它们看上去怎么样之间的关系。我想要探究的假设是，对视觉体验的定性特征在基本特征的情况下如何呈现它们所呈现的满足条件的解释就是，在作为 F 的属性和**能够引起某种体验**的属性之间存在一种系统性关系。在日常语言中，这种体验可能被描述为"有 F 的样子"（looking F）。但是，"有 F 的样子"不会解决我们的问题，因为有 F 的样子通常意味着看起来是 F（looking *to be* F）。你只有在理解了"作为 F"（be-ing F）时，才能理解"有 F 的样子"。我会用颜色的例子来说明这些观点。

颜色具有欺骗性，是因为存在像光谱倒置（spectrum inversion）

和颜色恒常（color constancy）这样的现象，我将在下一章谈到这些问题。现在我们来考察一下我们对于红色球的视觉体验。视觉体验本身是红色的吗？当然不是，视觉体验是没有颜色的。为什么没有呢？颜色可被所有人观察到，而视觉体验则不能。红色发射约6 500埃单位的光子，而视觉体验则什么都不会发射。因此，认为视觉体验本身是有颜色的这是错误的。认为视觉体验是有颜色的也几乎不可避免地犯了坏论证的错误，因为人们必须要问谁看见了颜色。

122

　　颜色是知觉体验的对象，但它们本身不是知觉体验的特征。让我们考察一下这种说法的含义。如果你闭上眼睛并且用手遮住眼睛，那么你将在你的视觉领域中产生一套体验，人们可能天真地把这套体验描述为黑色背景上的黄色斑点。为什么这是一个自然的描述呢？第一，你所具有的体验是**像**看到黑色背景上的黄色斑点**那样的东西**。第二，例如，如果一个支配你视觉系统的医生通过电子造成了一种变化，那么我们就会知道他造成的这种变化——你把黑色背景上的黄色斑点描述为绿色斑点或橙色斑点——可能意味着什么。尽管如此，还是要重申一下，基于我此前给出的理由，我正在体验的东西没有什么是真正黑色或黄色的。但是，这个思想实验想要暗示的是，当我看到某个红色的东西时，与在客观视觉领域中的红色对象相对应的是主观视觉领域里的某个携带着红色这一意向内容的东西。它为什么携带这一内容呢？它究竟是如何携带这一内容的呢？以下两点是整个讨论的重点。第一，在本体论上客观的世界中，某个东西**是红色的**，也就意味着它能够**引起如此这般的本体论上主观的视觉体验**。它是红色的这一事实至少部分地在于它有引起这种本体论上主观的视觉体验的能力（也即具有关于正常条件和正常观察者的惯常资格）。在是红色的事实和引起这种体验的事实之间有一种内在关系。说这种关系是"内在的"这是什么意思？它的意思是，如果它不是用这种方式与如此这般的体验系统地相关联的话，它就不可能是那种颜色。第二，使某物成为知觉体验的对象就是使它被体验为体验的原因。如果你把这两个观点放在一起，你会得出这样的结论：知觉体验必然携带着一个红色之

123

物的存在作为其满足条件。那么，它是如何携带的呢？你的生物学上所给予的背景倾向假定，你正在知觉的对象就是引起知觉的东西，而所谓的"对象"即红色的标志（token）（至少部分地）在于引起如此这般的那些体验的能力。对象的呈现是引起这种体验的一个充分而非必要的条件，因为，在无法区分的幻觉中，体验是被某个东西而非其真正的对象所引起的。

我们假定动物具有有意识的意向性，这是它的一种生物学禀赋，就像它有渴和饿的意识，这些都是其生物学的意向性形式。问题是，知觉意向性是如何获得它所具有的内容的？我正试图为基本知觉体验给出的答案就是，具有这种有意识的视觉体验之体验必须携带着它所具有的意向性，因为这里所讨论的特征被体验为由其对象所引起的特征，而其对象则恰恰（至少部分地[6]）是由其引起这种体验的能力所构成的。

如果人或动物的知觉体验能够意识到它们是什么、当它们发生时究竟是怎么回事，而且能够表达，那么它们或许会说："我就是在看物体 F 的行为，它引起了我作为一个有意识体验的存在。每一个有意识的知觉体验，无论它是否真实，都被体验为对引起体验的物体的一种知觉。我就是把它看作 F 的那个看的行为，因为其作为 F 在于它有能引起像我这样的体验之能力。"

对知觉的传统哲学解释最糟糕的特征之一就是，普遍未能看到有
124 意识的知觉体验自始至终都被体验为因果性的。你体验到你的知觉对象引起了知觉体验。因果关系的形式是意向性的因果关系。我不确定为什么这一错误如此普遍，但我认为它一定是受了休谟的影响。休谟试图告诉我们，我们根本体验不到因果关系。我已经论证过[7]，我们在醒觉状态下几乎都在体验因果关系。每当我们有意识地知觉或行动时，我们就体验到了因果关系；复言之，因果关系的形式是意向性的因果关系。在行动中，行动中意向是对身体运动的一种因果呈现。在知觉中，被知觉的事态引起了把那种事态呈现为其满足条件的知觉体验。

关于红色的观点可以推广到其他颜色。一种视觉体验并不实际地是红色、蓝色或绿色的，但它必然将红色、蓝色或绿色呈现为其满足条件，因为，某物要想成为红色的、蓝色的或绿色的，它就必须能够引起这种颜色的体验。视觉体验有某种定性的特征，而这种定性的特征被正确地描述为规定了意向内容的东西，这里所谓的意向内容即体验就是某物看上去是红色的处所，这恰恰是因为，是红色的就在于能够引起具有这种特征的视觉体验。设若一个对象是红色的，那么有关它的什么事实使其成了红色的？这一事实——至少部分地——就在于，它能够引起某种特定的体验。这样，你就在某物是红色的和它引起了某种特定的视觉体验之间建立了一套内在的联系。对视觉体验的非意向性刻画仅仅在于，它有这种定性的特征。**这种定性的特征把红色的规定为满足条件，（部分地）因为红色的本质是引起具有这种特征之体验的能力，而且任何知觉体验都被体验为将其原因作为其对象。**

在世界上存在某种本体论上客观的定性的特征，我们将其称为"红色"。同样，我的体验也有某种本体论上主观的定性的特征，为避免任何坏论证，我们将其称作"Glog"。现在的问题是，为什么在Glog与红色之间应当存在某种根本的关联呢？毕竟，即使红色的对象引起了Glog，万物皆可为万物的原因。那么二者间的这种关联究竟应当是怎样的呢？开始的回答是说，二者间有一种关联，因为"红色的"被定义为引起Glog（具有关于正常条件和正常观察者的惯常资格）。Glog的对象被定义为Glog的原因。这一点可以推广到所有颜色上去。一个对象要想具有某种颜色它就必须能够在正常的照明条件下、在正常的知觉者那里引起某些特定的体验。

一旦这一观点被接受，我们就可以引入一个中间概念，即"看上去"（looking）的概念。一旦红色以我指出的那种方式被定义，那么，任何东西要想成为红色的，它就必须在正常条件下，对正常的观察者来说，看上去是红色的。但是，有必要强调，这本身根本没有任何解释力。因为，看上去是红的（looking red）正好就意味着**看成**红的（looking *to be* red），看上去**它好像是**红的。这也就意味着，看上去是红的依附于是红的，因此不能用来解释后者。只有当我们这样说时，即对象要想让正常的观察者在正常条件下看上去是红的，它就必须引起 Glog 这种类型的视觉体验，解释力才**会产生**。

Glog 类型的视觉体验并不呈现红色，因为它是由红色引起的。这种说法并不符合事实。毋宁说，事实在于，视觉体验呈现红色，因为正是作为红色之物的本质能够引起这些种类的体验，而知觉体验的呈现意向性总是将体验之原因作为其对象。因果关系本身并不足够；意向内容的特性必须由所涉及的视觉体验之本质特征所规定，**否则意向内容就不能规定那种特性**。（再重复一下之前提出的观点，假定红色的对象总是在我身上引起一种疼痛的感觉。这一事实不会使疼痛的感觉变成一种让红色作为其满足条件的意向状态。）

我所说的必定像适用于人类那样适用于如我的狗塔尔斯基那样的动物。如果你观察一只狗或者其他高级动物在从事某些剧烈的活动，例如挖一根骨头或者追赶一只猫，你会看到，整个体验完全是因果性的，而且在行动中包含了一套复杂的知觉协调系统。狗具有一种由它在追的猫所引起的视觉体验，它协调其身体运动——更多的因果关系——去匹配它从视觉和嗅觉体验中所获得的东西。

我认为这一解释普遍适用于所谓的次级性质。某物之所以尝起来是甜的，是因为它能够引起如此这般的味觉。很难详细展开这一论证，因为我们的大多数用来描述在味觉和嗅觉中被知觉到的性质的那些词汇都源于被尝到或被闻到的那类对象。因此，例如，"它闻起来像汽油"或者"尝起来像红酒"这样的句子是典型地依照其类型原因来描述感觉和体验。然而，我认为这种解释对它们也适用。因为某物闻起来像汽油是（1）它引起这种体验；（2）这种体验典型地是由闻到汽油所引起的。但这些情况与之前情况的区别在于，作为红酒，或作为汽油，甚至并不部分地在于能够引起这些种类的体验。

VIII. 表象的意向因果关系之作用

现在，我们可以从知觉体验之因果特征的角度陈述相同的观点。你认为理所当然的是一切有意识知觉体验的背景假设，即你正在知觉的东西就是引起你的主观知觉体验的东西。想一想我之前提到的那些例子。例如，当你突然听到一个奇怪的声音时，你理所当然地以为主观知觉领域中的听觉事件是由客观知觉领域中的声音所引起的。类似地，当你闻到一股奇怪的气味时，或者当你沿着桌面移动手掌从而感受到桌面的光滑时，你都理所当然地以为，主观体验并不是由**随便哪个**客观的事态，而是由你正在知觉的**那个**事态所引起的。现在让我们把这一观点运用到对红色对象的知觉上。当你看客观视觉领域中的一个对象时，你会在主观视觉领域产生某种主观体验。我们已经把这种视觉体验称作 Glog。但你的背景假设是，你所看见的东西就是引起 Glog 的东西。现在，使主观知觉体验变成对红色的一种呈现的东西仅仅在于，红色正是——至少部分地是——引起像 Glog 这样的主观知觉体验的能力。

我现在认为，至少对于颜色和其他所谓次级性质而言，我们已经满足了我们的要求。我们已经表明，用非意向性术语对知觉体验的刻画如何为我们提供了充分（在这种情况下也是必要的）条件，从而使它成了对红色的真实的知觉。体验与其对象之间的内在关联由如下事实来担保，即，对象在本质上可以说——依照定义，至少部分地——就是引起那种体验的能力。这就是当我这么说——我们将会从实在回退到表象，而非像分析哲学传统那样从表象回退到实在——时我想表达的意思。在"我面前有一个红色的对象"这个句子中，满足条件是由句子的意义所规定的，而那个意义是附加到本质上不具有意向性的声音和符号上去的。但是在由"我看到在我前面有一个红色的对象"这个句子所报告的视觉体验中，视觉体验本质上是意向性的。如果它不具有那种视觉意向性的话，那么它就不可能是那种视觉体验。它通过从对象到呈现的回退路线而获得了视觉意向性，因为，某物之所以成为红色的对象正是因为它能够引起这种类型的视觉体验。（本章第十节会对此做更多讨论。）

IX. 原初性质

迨今为止，我已经对次级性质做了说明。那么所谓原初性质又如何呢？我会在下一章讨论深层知觉，但是，现在让我们来考察一下诸如线和形状这样二维的原初性质吧！尽管我认为这种联系并不像它在次级性质中那样紧密，甚至对于形状和线而言，在对象的特征与引起某种体验的能力之间有一种概念的关联、一种必然的关联。一个对象要想成为一条直线或者一个圆就必须——至少部分地——能够引起这种体验。在日常语言中，我们会说，一个对象要想成为一条直线或者一个圆就必须——至少部分地——"看上去像是这样的"。这是对的，但需要再次强调的是，"看上去像是这样的"必须依照视觉体验的特征来解释，而不是反过来。

原初性质由于如下事实而变得十分复杂，即我们具有我们认为可以用来确定线的直度（straightness）和圆的圆度（circularity）的那些独立的手段。例如，某个东西要想成为一个圆形物的话，那么它表面上的所有点与一个共同的中心点的距离应该是完全相等的。这是对的。但我认为所有那些观念反过来都在"事物看上去如何"和"它们实际上如何"之间有一种概念的和必然的联系。因此，一般原则就是，基本知觉体验的意向内容是由因果关系和非意向主义地被解释的视觉体验之诸特征的**组合**所规定的。世界的基本知觉特征之本体论上客观的特征引起了视觉体验，这些视觉体验的特征部分地是由世界的特征所规定的。一条直线是看上去像这样的一条线，"看上去像这样"意味着它能够引起这种视觉体验。这一观点对于原初性质和次级性质

129

都有效。

让我们从设计者的角度来思考一下问题。假设你是上帝或者进化论者，你所设计的生物体能够非常成功地应对它们的环境。首先，你创造了一个有各种对象的环境，这些对象有形状、大小、运动等。接下来，你创造了一个具有不同光反射系数的环境。然后，你创造了各种各样的生物，这些生物具有相当丰富的视觉能力。在特定的限度内，整个世界向其视觉觉知（awareness）开放。但是，现在你需要创造一套特定的知觉组织，在这些组织中，特定的视觉体验与世界的特定特征内在地关联在一起，如此一来，作为那些特征也就意味着它们具有产生那种体验的能力。实在并不依赖于体验，而是相反。实在的**概念**已经包含了产生某种体验的因果能力。因此，这些体验呈现红色对象的原因就在于如下事实，即成为一个红色的对象包含产生这种体验的能力。成为一条直线包含产生这种体验的能力。关键在于，对于生物体来说，如果它们没有看到一个红色的对象或一条直线，那么它们就不可能具有这样的体验。"对生物体来说"（seeming to them）标志着知觉体验的内在的意向性。

设若我们已经普遍地揭示了知觉与行动之间的镜像同构性（mirror-image isomorphism），那么我们应该在意向行动的结构中寻找一种相似的同构性。当我抬起胳膊时，是什么有关行动之体验的、非意向主义地被描述的事实给予了它以满足条件？在知觉中我们发现，正是某物之为红的这种本质引起了某种特定的体验，而正是这种体验之本质引起了某种特定的身体运动。行动中意向与身体运动内在地关联在一起，因为，如果它没有典型地引起那种身体运动，那么它就不可能是那种体验。当然，人们必须把一切有关正常行为的惯常资格置于正常条件下，但是，知觉与行动中的内在关联依然相同，只不过适应指向和因果指向正好相反。区别在于，行动中意向只能依照其意向内容得到规定，例如，试图抬起我的胳膊。知觉体验之所以具有对其意向内容的非意向性刻画，正因为意向内容是"回退路线"的结果，下面我就会转向这个话题。

130

X. 回退路线

如果把罗素从语言到心灵的观点普遍化，那么我们就可以说，他教导我们，不存在从对象或对象类型向意向内容的回退路线，因为相同的对象或对象类型可以借由无限多不同类型的意向内容而被指称。但是，哪里涉及基本知觉特征，哪里就有一条回退路线，而且必定有一条从基本特征类型向知觉体验类型的回退路线。理由在于，基本知觉特征恰好部分地是由其能够引起某种特定知觉体验的能力所定义的，因此，在这些知觉体验那里，体验必然具有作为其"所指"、作为其满足条件的特征。

这不是一个无关紧要的结果，因为它保留了一个传统经验论的重要洞见，而这个洞见往往在后来的哲学中，甚至在后来的经验论哲学中被遗忘了。传统上，经验论者认为，在事物实际如何存在和我们如何知觉它们存在之间有一种本质关联。他们把这种本质关联作为其知识论的一部分。只有存在这样一种关联，实在的知识才可以建立在感觉体验之上。当然，我们也可以仅仅通过如下说法来建立这种关联："是的，一个真实的知觉要求被知觉的事物是如此这般的"，但是，当然，我们也通过使用"真实的"这个词使这一主张变成了一个真命题。现在，我们的问题是：在世界中的事物特征与我们的体验特征之间是否存在一种本质关联？我已经回答了这个问题：对于基本知觉特征而言，必定存在这样一种关联，因为我们在这里所讨论的基本知觉特征部分地在于它具有引起某种知觉体验的能力。

XI. 一个可能的反驳

这里有对整个解释的一个严肃的反驳。这个反驳是这样的：这个解释要么微不足道，要么是错误的。当你假设 Glog 事实上是由红色对象引起的时，就使这个解释变得微不足道了。问题是：Glog 是如何得到那种好像是由红色对象引起的特征的？说它好像是由红色对象引起的这也显得微不足道，因为它确实是由红色对象引起的。这就假定了我们试图解释的东西，因此也没有任何解释价值。

但是，如果我们不去做这样的假设，那么这个解释就是错误的。万物皆可为因果，Glog 可能是由任何东西引起的。假设有一个装配而成的缸中之脑，对大脑的电刺激可以使它产生看到红色物体的印象。一方面，你不能说它确实看到了刺激。（某些因果理论者被迫这样说。）另一方面，你不能说它确实是看到红色的情况，因为它是一种持存的幻觉。另一种反驳方式就是去问，成为红色的就在于具有引起 Glog 的能力这种观点是如何产生的？这一等式是从谁的观点中产生的？

我不确定我是否能够回应这个反驳，但我很确定的是这个反驳有问题。它把这里所讨论的因果关系看作普通的台球之间的因果关系，但我们所讨论的完全是意向的因果关系。意向的因果关系，像所有意向性一样，是规范性的。如果你有一个信念，那么信念的内容就必须规定，在什么条件下它是真的，在什么条件下它是假的。类似地，如果你有一个欲望，那么欲望的内容就必须规定，在什么条件下它得到了满足，在什么条件下它没有得到满足。类似地，如果你有一个知觉体验，那么体验的内容就必须规定它什么时候是好的，什么时候是坏的。我认为知觉体验获得了它的内容，因为其成为一个好的情况（即知觉）的条件根植于体验的因果结构中。红色正是引起这种体验的特征。当然，我们可以这样来刻画以至于使它听起来微不足道：体验就是看上去是红色的体验。但关键在于，有一种刻画体验的方式，这种方式解释了为什么它是好像看到某个红色的东西的情况。因此我们解释了为什么它拥有这样的意向性，即使它像其他东西一样只是世界中的一个事件。我们从这样一个事实开始，即有意识的知觉体验拥有植入其中的呈现意向性。而且我们能够依照体验本身的因果成分及其与

132

世界中的对象之间的关系来解释意向性的实际内容。

我将在下一章就"缸中之脑"的思想实验重新展开对这一问题的讨论。

XII. 对当前结论的总结

我在试图获得一种对视觉体验之原始现象学的重要描述，这一视 *133* 觉体验意味着它有特定的满足条件。第一个原则是，每个有意识的知觉体验都被体验为是被引起的，而且是由被知觉的对象所引起的。但它尚未给予我们想要的那种特殊性，因为万物皆可为因果。当我们注意到，对一类特征而言，成为那一特征部分地是由能够引起那种知觉体验所构成的。成为红色的正是引起 Glog 这种类型的体验之能力。正是在这里，你获得了体验类型与被知觉的对象类型之间的内在联系。这就是主观视觉领域之定性的特征如何呈现客观视觉领域之特征的方式。对于基本特征来说，这就是它工作的方式。

我们假定，第一，生物是有意识的。第二，我们假定在其意识领域，有一些本质上是意向性的形式。尤其是，我们假定，有一种特定的视觉和触觉意向性形式。考虑到这些假设，我们需要四步：

1. 知觉是有等级结构的。所有复杂的知觉都建立在对基本特征的基本知觉上。我们正试图解释对基本特征的知觉。

2. 知觉体验有特定的本质意向性。如果不是我认为我看到了一个 F，那么我就根本不可能有这样的体验。

3. 主观视觉领域包含意向的因果关系。如果不是我认为它是由我正在看这个特征所引起的，那么我就不可能有这种体验。我正在看带着其特征的对象，正是这些特征引起了体验。这是基本的背景预设。

4. 体验将 F 作为其满足条件的方式是 F（至少部分地）就是引起像这样的体验之能力。这是内容 F 与被知觉的事态 F 之

间的内在联系。因果关系的形式是意向的因果关系：原因产生了 *134*
一个有意识的意向知觉内容，而知觉内容将原因呈现为知觉的
对象。

　　5. 这就是为什么在体验的特征和被知觉的特征之间存在一
种内在而必然的关联之原因。体验的对象是其原因，而这些特征
是由其能力所定义的，正是其本质特征引起了这一类体验。

我们现在对于基本知觉特征的问题至少有了一个暂时的解答。但
是这一解答引出的问题比它回答的问题还要多。高阶特征如何呢？例
如，这是一辆汽车这一事实是如何被原始现象学所呈现的？进一步
说，迄今为止，我只讨论了像"是红色的"这样的一般特征，但是像
"是我的汽车"这样具体的特征又是怎样的呢？而且，关于光谱倒置、
颜色和大小的恒常性、知觉的推理特征等所有这些传统的担忧又是怎
样的呢？著名的"缸中之脑"问题是怎样的呢？如果我是一个缸中之
脑，那么知觉内容是完全一样的，即使它根本不是真正的知觉。我们
会在下一章讨论这些问题以及其他一些问题。

注释

[1] Searle, John R. *Intentionality：An Essay in the Philosophy of Mind*. Cambridge：Cambridge University Press，1983.

[2] 外在主义者认为，依照意义，世界规定了意向内容，而他们
对意义有一种因果解释。但是，一种切近的考察表明，他们的解释完
全是内在的。与完全内在地被提出的一种最初的考验相伴随的是由意
向内容从一个说者向另一个说者的转移所构成的因果链条。他们认为
解释是外在的，因为它依赖于索引词，而他们对索引词有一种错误的
外在主义的解释。至于详细的讨论，见《意向性》第九章。

[3] Russell, Bertrand. "On Denoting," in *Logic and Knowledge*,
ed. Robert C. Marsh. London：George Allen & Unwin, 1956，50.

[4] Danto，Arthur C. "Basic Actions," *American Philosophical Quarterly* 2，no. 2（1965）：141-148.

［5］传统的去引号观念在于，在陈述一个陈述的真值条件时，人们只是去掉了右边的引号。因此"雪是白的"，当且仅当雪是白的。左边的句子有引号。右边的引号被去掉了，因此是"去引号"。在我们有一种共性但却没有引号的情况下，我已经扩展了这一观念。

［6］为什么我必须总是说"至少部分地"？因为，随着我们对物理学的了解越来越多，我们可以根据事物的特征而非知觉的特征来定义事物。颜色（在某种程度上）可以根据光子的发射单位来定义，线可以根据其几何学属性来定义。

［7］Searle，John R. *Intentionality*. Chapter 5.

第五章 知觉意向性如何工作（二）
把分析扩展到非基本特征

我们试图回答的问题一点儿也不简单。这个问题就是：原始现象 135
学如何内在地具有它所具有的满足条件？这个问题的另一种表述是：
知觉体验的特征如何规定它所具有的内容？对这一问题的回答要求这
种联系必须是必然的或内在的。如果它不具备那些满足条件，那么它
就不可能成为那种体验。因此我们最初的表述中"原始的"（raw）
这个比喻可能导致误解，因为体验不是原始的，它具有意向性。体验
必须具有规定它所具有的特定意向性的那些特征，然而，必须能够用
非意向主义的词汇来描述那些特征。为什么呢？因为知觉体验只是纯
粹现象学材料的原始碎片，而我们必须以表明它如何规定意向性的方
式来刻画现象学。

我认为以前为回答这一问题所做的尝试是失败的，这通常是因
为它们只识别两种东西：体验及其对象，但却没有表明为什么那一
体验必须把那个或那类对象作为其满足条件。基于我在上一章所陈
述过的理由，相似性和因果关系都失败了。仅仅把两个相似的现象
看作彼此相似的（相似性），或者处于原因与结果（因果关系）中， 136

并不能把其中一个作为另一个的意向性陈述。对于基本特征来说，我所提出的回答是，如果动物具备有意识的知觉意向性，那么在其主观视觉领域内——在其中 Q 被体验为由其对象所引起的，对定性的类型 Q 的一种有意识体验之存在将必然具有"我看到了一个类型 F 的对象"这样的内容，在其中 F 在本质上是引起类型 Q 之体验的能力。

通常，如果我们考察触觉的话，那么我们就可以以一种更简单的形式把握到这里的要点。当我沿着桌子的表面移动我的手时，意向内容是：桌子的表面是光滑的。为什么？因为有一种相对于体验的特征，**是光滑的**，至少部分地，是引起具有这种特征的感觉之能力。在日常语言中，我们可能会说，对象是光滑的，因为我感觉它是光滑的，对像这样中等大小的对象来说，光滑的**正就是**引起这种体验的能力。但要记住，"感觉是光滑的"什么都解释不了。这就像"看上去是红的"一样。但我们依照其引起某种特定体验的能力来解释某物"看上去是红的"或"感觉是光滑的"是什么意思。

正如应当被预期的那样，行动与知觉之间的平行关系保持完好。知觉体验具有心灵向世界的适应指向和世界向心灵的因果指向。行动中意向（对行动的体验）具有世界向心灵的适应指向和心灵向世界的因果指向。对于基本的行动和基本的知觉来说，意向内容是内在地与满足条件相关的，即使它是被非意向主义地刻画的，因为作为被知觉的特征 F 就在于它有引起那种体验的能力。至于行动，对某种类型的体验就在于其引起某种身体运动的能力。

记住，我们自始至终都在谈论意向的因果性。在生理学和神经生理学的不同层次上有许多其他类似台球的因果关系（billiard-ball causation）存在。但是，在呈现的意向因果性中，视觉体验被体验为由其对象所引起，而行动中意向则被体验为引起了身体运动。

137

I. 视觉的由下到上

在这一章，我们将把分析扩展到基本知觉特征之外。底层知觉处于对基本特征的知觉中。那么顶层知觉是什么呢？直观地说，我们感到我确实看到了加利福尼亚海岸的红杉，但我并不能真正看到他醉了，或者她很聪明。区别何在？直观地说，我们想要确定的是哪些特征是**可见的**。而且，直观地说，在我看来，观点必须是这样的，即可见的特征就是那些其存在可以通过视觉确定的特征。对复杂的科学目的来说，你也许无法确定特征的存在。但是，对实践目的而言，你可以通过其**外观**来回答某物是不是加利福尼亚海岸红杉的问题。当然，如果这确实非常重要，那么我们可能要做一个 DNA 测试。但是，对于实践的日常目的来说，作为加利福尼亚海岸红杉是一类树的一种可见属性。例如，在法庭上，森林保护员可以确定地证实在一棵加利福尼亚红杉树下发生的犯罪活动，因为他看见犯罪活动的同时也能看见红杉。

这就是我提出在顶层视觉和其他形式的知觉意向性之间划定分界点的标准。如果看见对象具有属性 F 是视觉体验的一个真实报告这一情况属实的话，那么属性 F 必定是一种可见的属性。如果它是一种可见的属性，那么其存在就可以被视觉所确认。你不能仅仅通过观察就确定某人是聪明的或醉酒的（尽管你可能得到了某些线索），但你可以通过其外观来确定那里的树是不是加利福尼亚海岸的红杉。重复一下，这是出于实践的目的，而非理论的、科学的目的。这个标准多少有点模糊，但我认为这种模糊性很可能反映了我们日常关于视觉之物概念的模糊性。

似乎对于基本性（basicness）的标准和对于顶层性质的标准相当不同。基本性是通过我们生理学的纯粹事实确立的。如果我们在知觉它的时候居然没有知觉到任何其他东西的话，那么我们可以知觉到什么呢？顶层性质是通过我们的认识论确立的。你怎么解决"它实际上是什么"这个问题呢？然而我认为事实上这些（问题）是一致的，顶层（性质）是基本（性质）自然发展的结果。在这两种情况下，我们关于视觉之物的概念都是通过借助看所能发现的东西来设定的。你可以通过看发现对象是红色的，你也可以通过看发现另一个对象是一棵加利福尼亚红杉。在这两种情况下，你通过看所获得的东西都是由正被讨论的对象所引起的一套特定的知觉体验。这些就是我将在这一章所要探讨的一些观点。

II. 三维知觉

深度知觉是什么样的呢？我确实能够从我坐的地方看到沙发比椅子离我更远。毫无疑问，视觉体验的意向性决定了三维空间关系。那么，它是怎么做到的呢？

我想探讨一个假设。我将粗略地陈述它并马上更加仔细地修改它。粗略地看，主观视觉体验可以说是二维的。但这么说是不对的，因为这是一个坏论证。主观视觉领域不是一个有着二维的可见对象。

139 但我这么说的意思是：无论你通过深度在主观视觉领域得到了什么，你都可以从一个二维的刺激中得到它们。暂时先不考虑立体视觉（stereopsis）的话，例如，就像错视画（trompe-l'oeil paintings）所表明的那样，任何深度印象都可以通过二维平面来创造。我们可以忽略主体视觉，因为只要睁开一只眼睛就可以获得深度知觉。单眼视觉不如双眼视觉准确，但我们要说明的是，你如何从基本知觉特征走向深度知觉，以至于二维对象以这种方式被构造（configured），即，即使对单眼来说，它看上去也完全就像一个三维对象。对象——无论是二维的还是三维的——在主观视觉领域中产生了什么？它所产生的是基本视觉体验，是颜色、线条、角度、纹理、形状等的主观视觉相关物（correlates）。我现在想要探讨的假说是，对西方绘画造成革命性影响的透视理论本身以这样一种方式——知觉者由于对透视的背景掌握从而能够把世界看作具有三个维度的世界——构成了任何一个有能力的知觉者的背景能力之一部分。因此，例如，当你走着的时候，对越来越近的对象的体验在主观视觉领域中所占的比例越来越大，如果你回头看的话，你对那些退避于你身后的对象的体验在你的主观视觉领域中所占据的比例就变得越来越小。尽管如此，你仍然具有"大小恒常性"。如果有人问，对象看上去是不是好像改变了大小？答案是没有，它们看上去大小没变。但是，由于你具有以一种特定的方式解释体验内容的认知能力，所以你能把世界看成你所看到的样子。（本章第五节会对大小恒常性做更多讨论。）

所谓透视律的功能现在可以得到更准确的阐述了。除了光对视网膜的影响，以及如主体可能具有的这种背景倾向能力和网络意向状态之外，视觉系统没有别的功能。光对视觉系统的影响会在主观视觉领域产生作用，这些作用是透视规律的后果。如果你正在看着从你脚下延伸到远处的铁轨，那么你的主观视觉领域就会包含这样的主观相关物：两条线逐渐靠近，最终朝向客观视觉领域的尽头。基本的主观元素并不借由自身来规定三维空间的满足条件。但是，考虑到我们对透视的背景把握，主观视觉领域携带着一个意向性内容，这个意向内容把三维的东西作为它的满足条件。主观视觉领域携带着意向性内容：我看见铁轨逐渐消失在远方。我不是说，主观视觉领域中的东西呈现铁轨，因为它们看起来像铁轨。实际上，它们并非看上去像什么东西，因为它们根本就看不见也无法被看见。毋宁说，由于它们的特征，并且考虑到我对透视的背景把握，我在客观视觉领域所看到的东西看上去就像铁轨。

目击者说："我看到了一个对象，它是一个正立方体。"当然，基本视觉体验不是一个立方体。基本知觉特征是由一组连接线和交叉线构成的。鉴于主体对透视的把握，这些线被知觉为一个立方体。

这一讨论的要点如下：深度不是基本的知觉特征。基本的视觉体验是关于颜色、线条、角度、形状等的，但由于对透视原理的背景掌

140

握，深度被知觉为客观视觉领域的一种非基本特征。

这里有一些关于绘画和绘画史的重要观点。贡布里希（Gombrich）指出，随着对透视原理的理解逐步增强，现在的画家们很容易就能取得中世纪画家们难以想象的艺术成就。正如贡布里希所言："任何一个普通的外行都已经掌握了那些对乔托来说看上去像是纯粹魔法的花招。
141 甚至可能我们在早餐麦片盒子上所发现的上色很粗糙的画都会令乔托的同时代人惊叹。"[1] 在文艺复兴之前，画家们通常都试图再造对象本身的几何结构，而不是在画布上创作一幅图像，这幅图像可能会在我们之中引起一种像是在看对象的体验。因为他们懂得透视，文艺复兴和文艺复兴之后的艺术家们能够造成视觉表象，这些表象在观看者那里产生的效果类似于实际的对象本身的效果。他们是通过在观看者那里引起一种具有基本知觉特征的体验而做到这一点的，鉴于透视的知觉状况，那些基本的知觉特征可能会给人留下看到某物就像看到对象本身那样的印象。印象派画家更进了一步，依据某些说法，他们试图刻画印象本身。如果我所给出的说法是正确的，那么它也不是一项定义明确的工作，因为印象不是某种可以被看见的东西。

我们必须非常谨慎地把体验的特征与其满足条件的特征关联在一起。一般而言（或者至少在我的理智还原始的时候），格列柯（El Greco）把人像画得如此细长的原因是他的眼睛实际上有缺陷，以至于在他看来所有东西都是细长的。按照这一理论，一个在我们看来正常的人，在格列柯那里却被看作是细长的，所以他画出来的人是被拉长的。如果你认真反思这一点，这根本没有意义。假设事实确实如此，即，一个在我看来正常的普通人在格列柯看来是细长的。如果格列柯画的确实就是他所看到的那个人，那么他就会画出在我看来是正常的而在他看来则是细长的人。但是，如果他画的那个人在我看来是细长的，那么他画里的那个人在他看来就会显得非常长，因
142 为假设就是，在我看来正常的人在他看来是细长的。简言之，这个假设——他画出来的是一个扭曲的形象，因为一个正常的人在他眼里被扭曲了——没有意义，因为，如果他是在画布上表象在他那里

被扭曲的东西，那么他只会简单地表象对我们其他人来说是正常的
东西。

III. 时间关系

时间是怎样的？迄今为止，我们已经分析了主观视觉体验的非意
向性特征如何能够赋予它们关于颜色、线条、形状和空间的内在意向
性。时间关系是怎样的？时间关系**确实**是主观视觉领域的一部分。因
此，我在看到绿立方之前看到了红球，在看到红球之前看到了蓝三
角。这三种关系的时间性确实是主观视觉领域的一个特征。我先有这
种体验，后有那种体验，先有那种体验，后又有另一种体验。这很容
易产生关于时间的知觉错觉，因为体验的时间与时间的体验并不完全
匹配。但是，尽管如此，时间关系的主观体验事实上确实具有设定满
足条件的那些特征。必须强调，它们这样做不是由于匹配关系，而是
由于因果关系与意识的结合。客观事件 A、B、C 的顺序引起了我对
A 的主观体验，之后是 B，再之后是 C。

在我之中产生有意识体验——这些意识体验以某种特定的方式在
时间上相关——的能力自动赋予了其对象在时间上相关的意向内容以
体验的次序。为什么呢？这难道不是违背了我们认为相似性不足以产
生意向性的原则吗？不，我所要**论证的是，主观视觉领域中的次序被
体验为客观视觉领域中的一种次序的呈现**，恰恰基于与之前的情况同
样的理由：客观领域中的事件以那种方式相关恰恰意味着它们能够引
起具有这些关系的体验。

143

IV. 将分析向上延伸

迄今为止，我已经解释了知觉体验的原始现象学是如何把世界的

基本特征设定为满足条件的，我也扩展了分析，对深度知觉和其他空间关系进行了考察。我们现在必须考察高阶特征。例如，关于这个知觉的什么事实使它成了对**一种特定类型的树**的知觉？有关这个知觉的什么事实使它成了对**我的车**的知觉？

在我的花园中有一棵树，我认为它是加利福尼亚海岸红杉。我很容易区分加利福尼亚海岸红杉和大红杉（giant sequoia），或者加利福尼亚槲树（live-oaks），或者桉树（eucalyptus trees）。顺便说一句，在加利福尼亚州很容易把各种树区分开来，因为本土树种太少了，但是在像佛蒙特这样的州，本土树种非常多。

像"看""看起来像"这样的日常语言概念在很大程度上依赖于相似性的概念。因此，如果我说"它看起来像红杉"，那么我似乎在说，它与其他红杉相似。我现在想要探讨的假设是，某物之为红杉包含它看上去是什么样的，包含其视觉特征，这些不是相似性关系，但可以说是能够独立地规定的特征。当我实际地看到红杉时，我就学会了如何识别红杉。结果是，当我看见一棵红杉时，我就把它**看作一棵红杉**，我看见它**是一棵红杉**。"看作"和"看见"的部分都被包含在其中，但高阶特征建立在把颜色、形状等这样的基本特征看作一棵红杉的基本特征之基础上。

144 在基本特征的情况中，我们探究的假设是，在特征与相应的知觉体验之间有一种概念的或必然的联系，因为特征在某种程度上被定义为引起那种知觉体验的能力，而体验是由其对象所引起的。因此，意向呈现的关系是必然的而非习惯性的。如果我没有看见红色的东西，那么我就不可能有对红色的体验。因为"红"在某种程度上就被定义为引起那种体验的能力。对一棵红杉来说，情况更为复杂，但相同或相似的原理仍然适用。作为一棵红杉在某种程度上是通过具有一棵红杉的可见的特征所构成的，而具有那些特征和引起某种特定的视觉体验是一回事。但是，看上去像一棵红杉也就是引起某种特定的视觉体验，因此不论是红颜色，还是加利福尼亚海岸红杉，都具有引起这种视觉体验的能力。在这两种情况下，我可能会认为，基于本质上相同的理由，我看见了某个红色的东西，或者看见了一棵加利福尼亚海岸红杉；也就是说，具有一棵红杉的视觉特征在某种程度上是由能够产生这样的体验所构成的。

最简单类型的向上的非基本知觉特征可以说就是那类累加的特征，通过把构成基本特征的那些元素简单相加就能得到那类特征。我认为我们可以做一些类似于树种分类的工作。我已经学会了如何把某一棵特定类型的树识别为加利福尼亚海岸红杉。我是凭**什么**把它认作一棵加利福尼亚海岸红杉的呢？我是凭借这一事实认出它的：从树的特征和叶子的特征来看，有一套特定的特征构成了加利福尼亚红杉的可见特征。构成叶子的颜色和形状，树干的颜色、形状和纹理特征的那些特征都是基本特征。我可以把这些基本特征综合起来形成一个整体。我已经知道，任何可以引起这种视觉体验的东西都是加利福尼亚海岸红杉。在这种情况下，我们只是把对基本特征的分析扩展到了那些具有基本组合功能的特征上。当然，对于科学的、法律的或其他技术的目的而言，我们可能需要一个 DNA 基因测试来看一下某物是否真的是一棵加利福尼亚红杉。尽管如此，对于实践的以及其他的目的而言，视觉体验是充分的。如果它具有一棵加利福尼亚红杉的所有可知觉特征，那么出于实践的目的，它可能被识别为一棵加利福尼亚红杉。

许多高阶特征的组合特征可能是相当复杂的，但它们仍然能够产生不同的知觉体验。以品酒为例。品酒师被专门训练来辨别酒味的不同基本成分，例如，酒精、残留的葡萄糖、单宁、乙酸，等等。然后他们学着区分解百纳（Cabernet Sauvignon）和黑皮诺（Pinot Noir），他们就是按照我所描述的那种模式接受训练的。解百纳就是典型地引起**这种**类型的味觉和嗅觉体验的酒，而黑皮诺就是引起**那种**类型的嗅觉和味觉体验的酒。请注意，我没有犯传统心理原子论者的错误，他们试图用简单观念来构造复杂观念。许多高阶特征都是低阶特征的组合。在酒的例子中，对低阶特征的品尝往往会被全部混合物的特征所改变。

V. 辨识与特殊性问题

目前为止，我们只考虑了对一般性质之示例的知觉，例如红色的或作为一棵加利福尼亚海岸红杉。我现在要转向知觉特殊对象的问题。

146 在《意向性》（1983）中[2]，我指出，有一个特殊问题，即满足条件是如何选择一个**特定的**对象（a *particular* object），而不是一个特定类型的对象（an object of a certain type）的。比尔·琼斯（Bill Jones）认为，当他看见一个非常像他妻子萨莉·琼斯（Sally Jones）的女人时的体验与当他看见萨莉本人时的体验必定有所不同。我说过，回答这一问题的方式是在满足条件中，不仅要确定一个具有像萨莉的那些特征的女人站在比尔面前，她的在场和特征正在引起比尔的视觉体验，而且要确定她与比尔此前在无数场合见到的那个女人具有同一性。这样一来，你就在被知觉的对象与网络和背景的其他元素所指涉的对象之间建立了一种同一性关系。无论如何，这就是我 1983 年为这个问题提出的解决方案。我那时未能解决而现在想解决的问题是，所有这些是如何成为现象学的一部分的？关于主观视觉体验的什么事实使如下情况成了事实，即它只是通过一个特定的对象而非一个特定类型的对象得到满足的？即使在特定场合，主体会因为无法区分两个对象而受到欺骗，但一定存在关于他的现象学的某种东西使如下情况成为事实，即只有满足一般条件的那些对象中的其中一个会成为满足其特定视觉体验的那个对象。用常识的术语来说，这是关于**辨识**（recognition）的问题。关键不仅在于某人有看见一辆特定的车、一个特定的人的体验，而在于某人把那辆车**辨识**为他的车、把那个人**辨识**为他的配偶。我建议，把辨识置入满足条件的一种正式的办法就是单纯地指出，存在着一些知觉者对一个特定对象已经具有的先前的体

147 验，而且，他现在所看到的对象与那个引起那些先前体验的对象具有同一性。我 1983 年为网络提出的解决方案——用 1983 年的记法表

示——如下：

我们假定琼斯有一个体验，其形式是：

1. Vis exp（萨莉在那里，她的在场和特征正在引起这种视觉体验）。

区别于

2. Vis exp（一个具有像萨莉特征的女人在那里，她的在场和特征正在引起这种视觉体验）。

从琼斯的观点看，网络与当下意向内容之间的关系是：

3. 我过去有一套体验 x，y，z，……它们是由我认识的一个叫萨莉的女人的在场和特征所引起的，而我现在有一套关于这些体验的回忆 a，b，c，……它们是如此这般的，以至于我的当下视觉体验是这样的：

Vis exp（一个具有与萨莉完全相同特征的女人站在我面前，她的在场和特征正在引起这种视觉体验，她与那个其在场和特征在过去引起了体验 x，y，z，……而后来又引起了关于 x，y，z，……的回忆 a，b，c，……的那个女人具有同一性）。

我认为就满足条件而言，这个分析是正确的。重复一下问题：那些满足条件是如何在现象学中得到实现的？关于体验——被分析为现象学的原始片段——的什么事实携带着这些满足条件？自维特根斯坦以来，这个问题变得更加紧迫，因为我们非常怀疑这样一种观念，即有可能存在关于辨识的一些特殊体验。但日常语言是一个很好的线索，对现象学来说，它有一些特征。因此，我们说事物像什么，不只是说它看上去像如此这般的一辆车，而是说它**看上去像我的车**。试想一下，一个男人娶了双胞胎姐妹中的一个，她们如此相像，以至于单凭视觉体验他无法区分二者。尽管如此，如果他认为他看见了他的妻子，那么她看起来会不一样。为什么？因为她看上去像**我的妻子**。这就是我们现在需要探究的现象学。此外，正如我熟悉我的车、我的办公室、我的家人等，它只是**看上去熟悉**。看上去熟悉的现象学是什么？通常，幻觉在哲学上很重要。一个共同的视幻觉**已经被看见了**。

148

已经被看见的现象学就是，你看见了一个你有诸多很好的理由假定你此前从来没有见过的场景，但是尽管如此，它看上去还是觉得很熟悉。它是某个已经被见过的东西。

我们一直以来都是通过把因果关系和意识相结合的方式来探究现象学的。当意向因果关系给了你一个体验时，你就有了意识的意向性形式。使体验得以呈现这种类型的对象之体验特征是根据这种类型的对象引起这种体验的能力而被定义的，那种能力是成为那种类型的对象的东西之本质的一部分。我们如何把对一个特定对象的辨识概念纳入现象学的解释当中来呢？对此我虽然并不确定地知道，但我认为它是这么运作的。在辨识的情况中，我并非只有由具有像红色这样的**一般**特征的对象所引起的体验，我还有具有一种特定特征的体验，这种特定的特征被体验为是由同一个特定对象的**重复出现**（repeated occurrences）所引起的。或者，严格地说，是由那个对象所引起的体验之重复出现所引起的。从意向性的观点来看，我的车看上去熟悉的原因在于，过去十年来我几乎每天都看见它。当我看见它的时候，我不只是看见了**一辆车**，毋宁说，我的体验之特定现象学是，这个体验是由已经引起其他这种类型的重复体验的对象所引起的。正是现象学中的这种重复使它能够确定对特定之物的辨识。这个体验的特点不仅在于它是由看见一辆车所引起的，毋宁说，它是由看见一辆车所引起的，而这辆车在过去已经引起了其他这样的视觉体验。换句话说，视觉体验并不仅仅是视觉体验序列的终点，而且是**被体验**为这种视觉体验序列中最新的（latest）东西。我认为这就是"看上去熟悉"的本质，它赋予了我们以辨识的现象学。

需要注意的是，通常，对于现象学来说，不存在任何自我担保。当一辆车实际上不是我的车时，我也能够具有把它看作我的车的现象学，但是，我把它看作我的车与我把它看作看上去很像我的车，在现象学上是不同的。我想要说明的是，体验的顺序是如何产生辨识的现象学的。

以最简单的形式来陈述现象学的话，看见它是**我的车**这个体验——与看见它是一辆具有如此这般特征的车的体验相反——至少部分地是这样的：

> 我有一个由一辆具有如此这般特征的车所引起的视觉体验，而且这个视觉体验在由这辆车所引起的视觉体验序列中是最新的。此外，我独立地知道引起这个体验序列的车就是我的车。

关于这一分析有几点需要注意。第一，我试图使辨识与一个体验序列的原因发生关系，但是归属关系本身并不是一种可见的性质。这就是为什么我必须把它说成是独立于现象学的东西的原因。在错误的情况下你可以明白这一点。如果事实上这辆车和我以前所见过的那辆车不是同一辆车，那么我就在知觉判断中犯了一个错误。但是，如果事实上证明我从未拥有过一辆车，而且在所有权证书上有一个瑕疵，那么我的**知觉**判断就根本不会出错。在独立于知觉现象学之外存在一个事实这件事上，我弄错了。 *150*

VI. 关于知觉的一些突出问题的解决

有一系列问题我们尚未回答，现在我想直接解决它们。

问题 1：所有物质对象的知觉都需要推理吗？

我能看见一棵完整的树吗？或者我必须从看见树的一个侧面来推断出整棵树的存在吗？似乎我必须进行推断，然而，从现象学上来说，体验是看见一整棵树的体验。说我推断出了什么，这在现象学上是错误的。

我认为基本知觉属性的观念解开了这一谜题。这些基本属性是被呈现给我的那个的东西的大小、形状、颜色和质地。为了看见整棵树，我必须得看见呈现给我的那些基本知觉特征。我们是否应该认为对整个对象的知觉包含推理取决于我们如何定义"推理"。如果我们的意思是，必须要有一种有意识的推理行为，那么显然没有这样的有意识行为。说我**推断**那里有一棵完整的树，这几乎总是错的。如果我们是这样定义推理的，即，当整个主观视觉体验的信息内容大于对基本属性的知觉之信息内容时，推理就发生了，那么（在对整个对象的知觉中）确实存在推理。当前讨论的重点在于**是一棵树**不是一种基本的知觉特征。这种情况下的基本知觉特征是颜色、形状、质地等。正如我们已经看到的那样，甚至深度也不是一种基本的知觉特征，这一点是由如下事实所表明的，这个事实是：一棵树的三维面向可以由其二维平面的知觉所产生。

问题 2：这一说明如何处理颜色恒常性和大小恒常性？

我会依次考虑这些问题。想象一下，有一个影子落在红球的一部分球面上，因此球面的一部分在阴影中，而另一部分则不在。处在影子中的那部分改变了球的颜色吗？显然没有，它显然不会被认为已经改变了其颜色。尽管如此，在主观视觉领域中仍然存在着区别。主观的基本知觉性质已经变了。证据就是，如果我给我现在所看到的东西画了一幅画，那么我就得把处在影子中的那部分画得更深一些，尽管我知道球的实际颜色并没有发生改变。把这种现象描述为"颜色恒常性"很容易导致误解，因为被体验到的颜色确实不是恒常的。正是由于我的高阶背景能力使我能够认为它具有相同的颜色，即使在较低的层次上我看见它的颜色已经部分地改变了。我想强调这一点。在基本层次上，不存在像颜色恒常性这样的东西。在基本层次上，颜色确实不是恒常的，主观上和客观上都不是。它会发生改变。只是在更高层次上，我知道，由于我的背景能力，它仍然保持着相同的颜色。

现在让我们把这些经验应用到大小恒常性的问题上去。我看见了面前的一排树。它们看上去大小都一样，即便在基本层次上，由于远处的树和近处的树对我的主观视觉领域的影响不同，所以远处的树看起来更小一些。当我沿着这排树走的时候，主观的视觉领域不断变化以适应视角的变化。在较高层次上，我的意向内容是树的大小始终一样，但在较低层次上，毫无疑问，基本知觉性质发生了变化。

关于颜色和大小恒常性的这一讨论的结果是，在基本层次上，它们都不存在。在基本层次上，颜色和大小都会发生改变；在更高层次

151

152

上，由于我们（假定由基因所编码）对于知觉能力的背景掌握，我们看到，在变化的光线条件和变化的距离中，对象仍然具有相同的颜色和相同的大小。

问题 3：传统的光谱倒置问题是怎样的呢？

我们想象一下，有一个族群，它由两部分人组成，两部分人对红色和绿色的体验互不相同。因此，如果我是其中一个部分的人，我所说的"看见红色"的那种体验就是另一部分的人叫作"看见绿色"的那种体验。这两种体验都不会在行为中显现出来，因为对这个族群的两部分人来说行为是一样的。他们都在交通信号灯变绿的时候起步，在变红的时候停止。

我将要论证，即使他们的行为是相同的，他们的知觉却具有不同的意向内容。我不是在暗示这是一个毫无疑问的思想实验。在神经生物学上，它也许不太可能[3]。但我们正在进行一个哲学的思想实验，而不是在从事思辨的神经生物学，所以神经生物学的可能性与不可能性是不相关的。因此，让我们假定，这个思想实验是可行的。那么，现在，如果你问自己一个问题："关于这一体验的什么事实使如下情况为真：一个体验的满足条件就在于那里有一个绿色的对象？"这里有一个难题，因为通过假设，在红绿反转的情况下，族群中的人，一部分把相同的对象完全看作红色的，另一部分则把相同的对象看作绿色的，即使他们所拥有的体验不同而且相互排斥。为了使问题更加清楚，试想象一下：我可以在这个族群的两个部分中任意转换自己的身份，既可以是这个部分的成员，也可以是那个部分的成员；我的头上有一个开关，即使刺激是恒常的，这个开关也既能使我从红的体验转换到绿的体验，也能使我从绿的体验转换到红的体验。当我开车的时候，我就必须记住我处在哪种状态之中，否则，看起来是绿灯的东西可能实际上是红灯，反之亦然。我知道，现在看上去具有我称作"红色的"那种颜色的灯在十分钟之前可能被我称作"绿色的"。现在我把它叫作"红色的"，是因为我处在红/绿阶段，而非绿/红阶段。问题变得更清楚了，因为它不再能够通过下面这种说法得到解答，即

153

"这种定性体验的本质就在于它是被红的东西而不是被绿的东西所满足"。这是因为，在我们已设想的情况中，具有同一定性体验的同一个人可以要么通过一个红色的东西，要么通过一个绿色的东西让那一体验得到满足，这取决于他处在何种状态之中。

问题在于，这两部分人的意向内容相同还是不同呢？在回答这个问题之前，我要阻断一种回答，这种回答说，这个问题毫无意义。如果我们认为在这两种情况下存在区别的话，那么我们就必须假定"绿色的"和"红色的"是一种私人语言的词汇。如果这个族群中的人把同样的对象认作红色的，也把同样的对象认作绿色的，那么假定他们内心中有不同的体验就是毫无意义的。这里有一个这种回答无法提供的例证。我们来考察一下莫奈画的《罂粟花》（参见本书第 74 页后面①彩色插图 5）。现在，尝试着在你的意识中把红色的体验与绿色的体验颠倒过来，让所有红色的罂粟花看上去是绿的，让所有绿色的罂粟花看上去是红色的。它变成了一幅完全不同的画，产生的体验也不同了。审美体验完全被破坏了。为了证明这一点，我把发生红绿反转的《罂粟花》作为插图 6 附在了原插图 5 下面[4]。

154　　　正如我一直说的那样，如果他人与我共享视觉体验这件事情很重要的话，那么，我怎么会如此确信地认为他们事实上并没有光谱倒置呢？我怎么会如此确信地认为，当我们观看莫奈的画时，我们都具有同一种体验呢？我认为，答案是显而易见的。如果你选择了如下情况——我们相信，有机体并不具有相似的视觉体验，那么，你就可以看到这种差别的根据。神经生物学的教科书中常说猫的色觉（color vision）与人类不同。现在，从哲学上说，这似乎是一个惊人的论断。科学家们怎么可能知道具有猫的视觉体验会是什么样的呢？答案是，他们可以观察到猫的颜色接收器与我们的颜色接收器之间的差别。他们完全可以基于对体验的神经生物学基础的认识，完全确信地对猫的体验做出判断，这就是为什么我可以完全确信他人并未遭遇光谱倒置

_____

①　第 74 页，指的是英文版的页码，本书 60 页之后的边码。

的原因。如果他们确实遭遇了光谱倒置，那么他们就必须有一个用于颜色视觉（color vision）的知觉装置，而可用的证据在于，除了病理学，人类对颜色的知觉有一种共性。

正因为我们使用颜色词汇的背景预设，所以不同的人对于红、绿、蓝等颜色的知觉才有了一种共性。如果这一预设受到挑战，那么做出这一背景预设的基础在于，我们知道产生这些体验的机制在不同的人那里是相对同一的。顺便说一下，这也是我们定义正常视觉的方式。如果你并不共享这些能力，那么你就以这样或那样的方式具有视觉缺陷。作为一个思想实验，我们可以想象这样一些情况，在其中，我们完全弄错了他人是如何知觉颜色的，因为他们有无法被标准的行为测试所觉察的光谱倒置。尽管如此，在这些情况下，如果我们对他们的知觉生理学有完满的知识的话，那么我们就有可能觉察到他们具有不同的颜色体验。如果真有这样的人，那么事实就会证明，他们用"红色"和"绿色"所意指的东西与我们其余的人用"红色"和"绿色"所意指的东西是不一样的。有一种交流的系统性失败。作为一个思想实验，这是有可能的；而作为一个神经生物学的假设，我想这是不可能的。红色的对象就是那些引起**像这一个**（like this one）的那种颜色体验，而绿色的对象则是那些引起**像那一个**（like that one）的那种颜色体验。如果确实存在光谱倒置的人，那么事实就会证明，他们用这些词意指不同的东西，而它们的不同意义也必须通过神经生物学的测试而非通常的行为测试被发现。

VII. 缸中之脑

在哲学中与此相关但更为激进的一个思想实验是设想某个人可能是一个缸中之脑（我在本书第二章开始了对这一问题的讨论）。我过去常常使用这个思想实验，但由于它总是容易被人们误解，所以我现在也不怎么用它了。（最常见的一种误解认为，我在提出一个怀疑论问题，即如何知道我不是一个缸中之脑？）然而，对于本书而言，这一思想实验提出了一些有趣的论题，因此我打算继续讨论它。

这一思想实验的基本观念在于，当我完全意识到我正生活在21世纪的加州时，我的体验的纯粹现象学与这样一种可能性是相一致的，即我可能是25世纪的明尼苏达州德鲁斯市一家实验室里的一个培养缸里的大脑。各种各样的刺激正在通过一个精心设计的计算机系统输入我的大脑，这个系统使用的是一盘记录先前出现的体验的磁带。我有幸得到了一盘20世纪和21世纪的磁带，以至于我的体验可能正好与那些曾经在20世纪和21世纪的加州生活的人们相似。计算机在无须借助感觉器官的情况下直接刺激大脑。这一思想实验的关键点是这样一个貌似为真的假设，即大脑过程足以产生现象学，而头颅就像一个缸。从一种重要的意义上来说，我们事实上就是缸中之脑，因为实际的大脑恰恰就处于我们的头颅这样一个缸中。真实的生活与缸中之脑的想象之间的真正区别在于，我的真实的生命之缸与我的肉体的其他部分关联在一起，而在我的大脑中进行的刺激来自实在世界的特征。实在世界通过知觉和我的神经系统的其他部分刺激我的外层神经末梢。同样在真实的生活中，自由意志至少是一种可能性。但是，对于缸中之脑而言，它的所有体验，包括那些"自由的行动"，统统都是被决定的。这一思想实验的关键点在于，我的主观的定性的体验，我的现象学，可能正是同一个东西，尽管我与这个世界完全没有联系。

就这个思想实验而言，有几件事情需要注意。第一，它肯定是第一人称的。想象并不在于他、她或你可能是一个缸中之脑。显然，我可以看到他、她或你不是一个缸中之脑。关键在于，我显然看到他人不是缸中之脑的体验和我的其他体验都符合这样一种可能性，即我仍然可能是一个缸中之脑。这一思想并不是说，某人在某地可能是一个缸中之脑，而是说，此时此地正携带着这些体验的我仍然可能是一个缸中之脑。这一思想实验是第一人称的，但是，如同笛卡尔的我思一样，它是一个可变的第一人称代词。"我思，故我在"并不意味着，笛卡尔思想，所以他存在，而是说，所有人都能具有"我思，故我

156

在"这一思想。

第二，仅当假定在两种情况下现象学是完全相同的时，这一思想　*157*
实验才有意义。如果我是这样一个缸中之脑的话，那么我的生活可能
是什么样子的？就我的意识体验来说，它很可能与现在是完全一样的。

第三，这一思想实验的要点并不必然是认识论的。你也可以把它
当作怀疑论的一个入口，即"我如何知道我不（仅仅）是一个缸中之
脑？"然而在我看来，这并不是这一思想实验的一个有趣的面向。我
更感兴趣的是，我们如何能够把本体论上主观的体验特征与我们的体
验所通达的实在世界的本体论上客观的特征区分开来。

第四，在这一思想实验中不存在任何笛卡尔式的东西；它并不意
味着，心理的和物理的东西分属两个不同的本体论领域。它只是断
定，我们能够具有定性的、本体论上主观的、生物学上被给予的有意
识的体验，这些体验与任何其他生物现象一样是"物理"现象，在这
里不存在以正确的方式与实在世界相关联的体验。缸中之脑的假设作
为一个思想实验并不暗含任何形式的笛卡尔主义。

假若我是一个缸中之脑，我的绝大多数信念都可能是假的。我的
所有知觉信念几乎都可能是假的。因此我现在相信，我看见了面前的
一张桌子，听到了从外面传来的交通噪音。在想象的情况下，这两种
信念都可能是假的。有趣的问题是，如果现象学是相同的，而与世界
的因果联系从根本上改变了之后，我的意识的意向内容还有多少会留
存下来。在因果外在主义的意义理论的一个极端版本中——这种理论
认为，我的信念的意向内容和我的语词的意义完全由其原因所规
定——如果我是一个缸中之脑，那么我就必须相信我是一个缸中之
脑。这是因为，我是一个缸中之脑这一事实正在引起随便什么我所思
或所说的东西。这种观点是由戴维森[5] 和普特南[6] 提出的。从他们　*158*
的外在主义版本中可以得出如下结论：我的信念内容是由其原因规定
的。因此，依照戴维森，必然会出现这样的情况，即我的绝大多数信
念都是真的。如果我是一个缸中之脑，我就必须相信我是一个缸中之
脑，而且这一信念为真。就此而论，当我现在对自己说："我相信我

居住在 21 世纪的加州伯克利"时，我实际意指的和我必须意指的是：
"我相信我是 25 世纪的一个缸中之脑。"我想，这一结果是戴维森和
普特南的外在主义版本的一个反证。记住，关键点在于，这一思想实
验必定是第一人称的。我现在说并且相信，我居住在 21 世纪第二个
十年的加州伯克利。在想象中，我说一个句子或说某个事物的原因在
于我是 25 世纪的、被安装了一个人工磁带的缸中之脑。因此，就戴
维森和普特南所主张的这一版本而言，尽管我说出了"我相信我居住
在加州伯克利"这样的话，但这些语词实际意指的东西和我的信念内
容在于：我是 25 世纪明尼苏达州德鲁斯市的一个缸中之脑。记住，
此时此地，我们正在讨论的是我，就我是所描述的这种类型的一个缸
中之脑而言——对此我毫无所知，而且就外在主义而言，结果证明，
我的信念内容完全不同于我所认为的那样。这种观点是如此违反直
觉，以至于很难认真对待它。我不打算对此多费口舌，因为它与我的
主旨无关。我所关心的是知觉内容。

　　但是，如果因果外在主义在有关意向内容的规定上犯了错的话，
159　那么我对知觉的意向内容之规定的解释又怎么能与缸中之脑的想象相
符呢？如果在很大程度上是现象学规定了意向内容，而且在两种情况
下，现象学都相同的话，那么我等于承认了如下观点，即对缸中之脑
和对我来说，意向内容是完全相同的，即使在缸中之脑的情况下，我
的所有信念几乎都是假的。

　　我认为，事实上，这才是正确的结果。如果我现在就是一个缸中
之脑，我依然会相信我是生活在 21 世纪初加州伯克利的一位哲学家。
这一思想实验的要点在于缸中之脑这一情况中的现象学与真实情况中
的现象学是同一的。就现象学规定了意向内容而言，意向内容是同一
的。但是，对我而言，这里有一个问题，因为我宣称，从对象到意向
内容有一条"回退路线"。如果红色通常就是引起红色这种视觉体验
的东西的话，那么在缸中之脑这种情况下，为什么我没有直接看到这
种体验的原因，而不论这一原因是什么？当我对意向内容这样进行解
释时，即我正好看见了我的红色体验的原因，我如何能够宣称，我没

有看见任何东西，即使我宣称，在缸中之脑的情况下，我的红色体验是由电子刺激 ESR（"Electrical Stimulus Red"的缩写，电刺激红）系统地引起的，而我对一条直线的体验是由 ESSL（"Electrical Stimulus Straight Line"的缩写，电刺激直线）系统地引起的。为什么我没有知觉到 ESR 和 ESSL？为了回答这一问题，我们必须弄清楚我在对知觉的意向内容进行解释时所使用的对因果关系的说明完全是意向的因果关系。在真实的知觉中，知觉对象并不只是任何陈旧的原因，而是在知觉体验中被呈现给我的对象。然而，在缸中之脑的情况下，因果关系不是意向的因果关系。因果关系正就像神经生物学的因果关系，这种因果关系是所有知觉体验的核心，而它本身不是体验的对象。在意向因果关系中，知觉体验必须被体验为由其对象所引起的，而意向内容则是作为一个意向内容的网络的一个部分，并且是在能力的背景上出现的。因此，当我看见红色时，我就把它看作一种颜色，看作不同于其他颜色，例如蓝色和绿色的一种颜色。此外，我把所有这些颜色看作一个独立存在的实体的部分，这个实体完全独立于我对这个实体的知觉，独立于我的肉体。

在缸中之脑这一思想实验中，的确好像是我在体验红色的对象，这个红色的对象引起了我的知觉体验。但是，在想象中，根本没有对象，一切都只是幻觉。如果我的确在缸中之脑的想象中有对缸的知觉信念，那么这种信念是什么样子的呢？好吧，假定一切都是预先被装配好的，以至于缸壁在我之中激起了一种知觉体验好像我看到了缸壁一样。这可能是我们真正看到缸壁的情况。对此我并不确定，但我认为，缸中之脑的想象可以容纳到我所提出的确定意向内容的说明中去。在缸中之脑中，当我认为我看到了某个红色东西时，满足条件依然在于我看见了某个红色的东西。这是因为我认为自己看到了某个东西，其本质就是通过意向因果关系引起这种直觉体验，但实际上我什么都没看见。因此，好的情况和坏的情况——我实际上在伯克利和我是缸中之脑——之间的区别在于，尽管意向内容是相同的，但在好的情况下，它得到了满足，在坏的情况下，它没有得到满足。

VIII. 结论

如我之前所言，这一章和前面的几章是这本书的核心部分。我们正在处理的问题是：知觉体验的原始现象学确定了它所造成的满足条件。为了它们能够设定它们所造成的满足条件（在需要的意义上），原始的现象学与存在于本体论上客观的世界中的实际特征和事态之间必定有一种内在的关联，本体论上客观的世界构成了满足条件（在所需的事物的意义上）。在两个显然彼此独立的现象集合中——一方面是原始的感受，另一方面是实在世界的实在特征——怎么可能存在一种内在的关联，或者说，某种逻辑关系呢？理解这种关联的关键，原始的感受和实在特征之间的中介是知觉体验的呈现的意向因果关系。很显然，过去的哲学家未能看到这一点，因为他们并不理解呈现的体验意向性。而且，他们也没有看到，知觉体验根本上是因果性的，并且根本上被体验为因果性的。在传统的分析哲学中，对因果关系的讨论遭受了休谟那荒诞不经的因果观念的洗礼。就这种传统的观点而言，因果关系始终是离散的事件之间的关系，这些离散的事件示例了一种一般的规律；而且，因果关系，这种"必然的联系"从未被体验到。这种观点是不充分的。我们生活在一个有意识地被体验到的因果关系的海洋中。在所有规范的意识知觉和意向行为的情况中，因果关系被体验为内容的部分和知觉体验或行动中意向体验的满足条件。当你举起你的胳膊时，你体验到了你的"努力"，是这种努力促使你举起你的胳膊。当你看见你的胳膊往上举起时，你体验到你的胳膊的运

162 动引起了你的视觉体验，你的视觉体验具有胳膊运动的呈现和特征，它们是其满足条件的剩余部分。我们并非完全不具有任何对因果关系的体验，相反，我们就生活在一个被体验的因果关系的海洋中。每当你有意识地知觉到任何东西，或者有目的地做任何事情时，你都要体验因果关系。

如果你理解了某些与呈现的意向因果关系有关的东西时，你就能理解知觉体验和实体之间的关系是被中介的。在本书第四章，我曾试图表明，在最基本的层次上，知觉体验是如何通过其对象被体验为因果性的。在基本的知觉特征和基本的知觉体验的层次上，作为 F 的某种东西的观念必定包含了它引起某种体验的观念。这也就是为什么那些体验具有把某物呈现为 F 的满足条件的原因。也就是说，作为一个 F，在某种程度上，就是引起那些类型的体验。

在这一章，我们扩展这些解释的目的是表明：

1. 在基本体验的基础上，我们如何可能具有三维知觉。

2. 我们如何可能具有对时间关系的知觉。

3. 我们如何可能把分析扩展上升到处理复杂的知觉，例如对一棵红杉的知觉。

4. 我们如何能够处理特殊性的难题。

这两章的基本论题就是这样的。在知觉体验的原始现象学和由这些知觉体验所设定的满足条件之间有一种内在的关联。

注释

[1] Gombrich, E. H. *Art and Illusion：A Study in the Psychology of Pictorial Representation*. Princeton，NJ：Princeton University Press，1960，8.

[2] Searle, John R. *Intentionality：An Essay in the Philosophy of Mind*. Cambridge：Cambridge University Press，1983.

[3] Palmer, Stephen E. *Vision Science：Photons to Phenomenology*，Cambridge，MA：MIT Press，1999.

[4] 对此图解，我要感谢马特·兰焦内（Matt Langione）。

[5] Davidson, Donald, reported in McDowell, John, *Mind and World*. Cambridge，MA：Harvard University Press，1996，16-17.

[6] Putnam, Hilary. Reason，*Truth and History*. Cambridge：Cambridge University Press，1981，14-15.

第六章 析取主义

一位到访地球的火星哲学家可能会惊讶于我们在对知觉的哲学讨论中居然对幻觉投入了如此多的关注，他可能不会毫无道理地得出结论说幻觉必定是十分常见的。事实上，它们十分罕见。据我所知，迄今为止我还从未产生过幻觉。人们听到和读到的那些现实生活中的情况，通常要么是病理学的，要么——更常见地——是消遣性的。精神分裂症患者通常有听幻觉（auditory hallucinations），在这些幻觉中，他们"听到了声音"，而在一些罕见的疾病中，也有视幻觉（visual hallucinations）。在匹克氏病例（Pick's disease）中，病人有被嵌入真实环境中的视幻觉，例如他可能觉得有一只猫正坐在一个真实的房间里的真实的书架上。消遣性的幻觉在20世纪的后几十年里十分常见，因为很多人服用"致幻"药物。我从未这么干过，但我认识这么干过的人。但是，哲学家们喜欢用"缸中之脑"和"恶魔"之类的幻想（fantasies）来讨论的那类视幻觉却十分罕见。尽管如此，即使根本不存在任何实际的幻觉，对幻觉的研究仍然是哲学中的一个重要工具，而且仍将有用，原因在于：在分

163

析一个有意识的知觉时，正如我们已经反复看到的那样，关键在于
能够把本体论上主观的知觉体验与被知觉到的本体论上客观的事态
区别开来。如果不能对此明确地做出区分，我们就不能说明知觉体
验的基本生物学——它是知觉者头脑中的有意识的意向性，也是那
种意向性与被知觉的事态之间的因果关系。讨论幻觉在哲学上对我
们是有益的，因为，通过约定，幻觉的现象学与真实体验的现象学
可以是完全相同的。

164

　而且这也不只是一个幻想。在当前情况下，例如，我看到了一张
绿色的桌子，我可能拥有一个与看见绿色的桌子同一类型的体验，但
实际上却什么也没看到。这怎么可能呢？视觉体验的原因始于客观视
觉领域中光子的反射。在感光细胞的刺激之后，神经系统中的内在过
程在因果上足以产生有意识的视觉体验。一旦视觉刺激被传导给视网
膜，视觉系统对其外在原因就不会知道更多。何以如此呢？因此，除
去外部刺激，在原则上是可以直接复制因果事件的次序的。依照克里
克（Crick）与科赫（Koch），V_1（视觉区域 1）对视觉体验很少或几
乎没有任何影响[1]。如果你否认幻觉体验与真实体验——坏的情况与
好的情况——在现象学方面和意向主义方面可能完全一样的话，那么
你就会知道，你已经犯了一个错误。如果你持有一个理论，而上述命
题是这一理论的一个结论的话，那么你就会知道这一理论是假的，因
为它蕴涵了一个假命题。令人吃惊的是，有一类知觉哲学家，他们
恰恰接受了这种**归谬法**（*reductio ad absurdum*）。他们被称作析取
主义者。

　我认为应当让这些哲学家感到忧虑，因为那些专攻幻觉的脑科学
家否认了他们的观点。在费驰（Ffytche）等人所写的一篇文章里[2]，
他们报告了一项针对患有邦纳氏综合征（Bonnet's syndrome）的病
人的幻觉的研究，该研究指出："这些患者所体验到的自发的视觉对
象（visual percepts）（视幻觉）和那些与正常的看见（normal see-
ing）相关的视觉对象是同一的，尽管它们因其怪异的和常常引人发
笑的特点而能够被辨识，而且，由于考虑到患者的视觉受损，它们就

165

被更详细地看作真实的刺激。"① 在费驰的另一篇流传甚广的文章中，他对"当你产生幻觉时，你的大脑中发生了什么？"这一问题的回答是："与你体验到真实的东西时发生的情况是一样的。"[3]

I. 究竟什么是析取主义？

当今关于析取主义的文献不计其数，其中还包括一些相当有力的用来描述这一领域的二手文献[4]。对析取主义有许多不同的解释，析取主义者对于究竟什么是析取主义莫衷一是，没有统一的观点。不过这并不令人奇怪，毕竟他们全都是哲学家。但是，析取主义有一个共同特征，而我认为这一共同特征可以用来定义什么是析取主义。这一共同特征就是：根本不存在任何既在好的情况下又在坏的情况下发生的共同的有意识体验。正如伯恩与罗格在其著作集的导言中所说的那样，"好的情况下的体验与幻觉的坏的情况**并不共享任何心理内核，也就是说，不存在**任何刻画两种情况的（体验的）**心理种类**"[5]。他们接着说，对于好的和坏的情况下的体验来说——"好的"指的是真实的体验，而"坏的"指的是幻觉——，不存在"**任何共同的元素**"（斜体②为我所加）。知觉被看作"析取的"意义在于，假定在真实的情况与幻觉的情况之间有一种析取关系。

但是，对析取主义的定义没有一般的共识这一事实实际上是一个关键点，我会返回这一点。现在，我只想把问题留在这儿，并指出（析取主义的）论题是：在好的与坏的情况之间并非**泾渭分明**。我会

---

① Ffytche, D. H., R. J. Howard, David A. Brammer, P. Woodruff, and S. Williams. "The Anatomy of Conscious Vision: A fMRI Study of Visual Hallucinations." *Nature Neuroscience* (1998): 1, 738. 塞尔的引文有笔误，最后一句在费驰等人的文章中是"...because given the patients' impaired vision, they are seen in greater detail than real stimuli", 而塞尔的引文是"because given the patients' impaired vision, they are seen in greater detail then real stimuli"。

② 斜体，指英文斜体，中文为黑体。下同。

166

用一些术语把析取主义定义为对"共性"（commonality）论题的否定，在共性论题那里，"共性"意味着，在好的情况与坏的情况之间**有分明的界限**。

在下文中很有必要强调，我们正在考察一个关于析取主义的相当严格的定义。例如，很多像我一样持有与直接实在论相关观点的知觉哲学家被错误地称作析取主义者。巴里·斯特劳德根本不是一个析取主义者，但我听说他也被描述为一个析取主义者。真正的析取主义者是特定的一类人，其中我最了解的分别是约翰·坎贝尔与迈克尔·马丁。

在下文中，我们会发现析取主义有很多不同寻常的方面。但其中最令人惊讶的一个方面是：很明显，一些文献的作者认为共性是一个**假设**。有些人认为，好的情况中的体验与坏的情况中的体验可能是相同的，而其他人则否认这一点。于是，哲学家们围绕下述问题产生了无休无止的争论：一个人对其自身体验的内省是否准确、是否不可分辨性证明了相同性、是否不可分辨性印象的非传递性表明共性论题是错误的。（非传递性出现在如下类型的实验中：主体不能区分 A 与 B，也不能区分 B 与 C，但却可以区分 A 与 C。）我认为所有这些讨论都是误解。在哲学中（不同于神经科学），这样一种观念——可能存在一些幻觉，它们与真实的体验具有相同的现象学和意向内容——不是一个假设，而是一个规定（stipulation）。作为一个思想实验，我们不仅规定，有一些幻觉和真实的体验是无法区分的；而且规定，它们之所以不可区分，是因为它们有完全相同的现象特征。我们将把讨论限制在如下情况中，在其中，现象学规定了意向内容。如果现象学是一种好像看见某个红色之物的现象学，那么意向内容就是主体正好看见了某个红色之物。所有关于不可区分性的非传递性讨论以及在关于某人自己的内省材料上出错的可能性与此观点无关。当笛卡尔假定存在一个恶魔的可能性时，他尚未对恶魔做充分的经验研究，也没有发现那些恶魔具有产生与真实的体验完全相同的幻觉之能力。笛卡尔把恶魔的可能性假定为一个思想实验。要想反驳这一思想实验，人们就必须表明，并非人们能够在有关自身的体验上犯错（例如人们仅有有限的能力去区分，不可分割性就是非传递性，等等），而是一个真实的体验应当与一个相应的幻觉相同，这在概念上和逻辑上是不可能的。这种情况在逻辑上是这样的：允许我假定，至少有可能存在两种主观的知觉体验，其中一种是幻觉，而另一种则是真正的知觉，它们每一种都有一些现象学（不必是一种共同的现象学）。如果你同意
168　这是一种单纯的可能性，那么，出于哲学的目的，做出这样的规定是可能的，即我们会考虑这样一些情况，在其中，现象学与意向内容在两种情况下完全一样。人们在关于我们无法区分什么是实际上不同的知觉的文献中读到的一切其他经验特征、不可区分性的非传递性，等等，都是不相关的。我们正在规定共性。

　　这种情况就像学校老师的一个著名的例子。老师说，"令 X 为绵羊的数目"。而一个具有哲学头脑的孩子对此说道，"但是老师，假设 X 不是绵羊的数目（呢）"。甚至有一些关于如下问题的讨论，即，是否析取主义或共性的举证责任落在了析取主义者或共性理论家的身上。老师是否必须证明 X 就是绵羊的数目？要想反驳这一共性论题，你就必须表明在逻辑上不可能存在一种共同的现象学。指出如下这点还不够，即人们在任何给定的情况下都有可能出错，或者，不可区分性的判断是非传递的。共性不是一个假设，而是一个规定。

　　就所有这些规定而言，都有做出这些规定的根据。在绵羊的例子中，我们假设绵羊的数量可以用自然数来计算，而且假设，例如，"－7 的平方根"不可能是对"有多少只绵羊"这个问题的回答。在幻觉中，应当有一个具有一些现象学的幻觉，这至少是**可能的**。如果它在根本上有某种现象学，那么，作为一个思想实验，让我们考虑这样的情况，在其中，两个个例（token）不同的体验事实上是同一类型的。如果你认可我的观点，即，可能存在现象学上同一的体验，并且，如果至少对于某些特征，也即基本特征而言，现象学足以确定意向内容的话，那么，一种共同的现象学就暗含着一种共同的意向内容。

169　　如果你像我一样从未有过幻觉，那么想一想梦境或许是有用的，

在梦中，梦的有意识的主观成分显然独立于任何被知觉的外部对象而存在。

好吧，如果我们可以把共性看作一种规定，那么为什么析取主义者就不能同样很好地规定析取主义呢？也就是说，为什么他们不能规定一种"知觉体验"——在其中，实际上是否存在一个知觉对象这一问题使知觉体验的成分被个体化了——的意义呢？在这种情况下，你只是规定知觉体验在好的情况下和在坏的情况下是不同的。我认为，如果你认真看一下文献，你就会明白这事实上就是我们正在讨论的东西。下面让我们考察一下迈克尔·马丁关于具有一个真正的知觉所给出的观点。他说："假如不存在任何合适的觉知对象，也就不会出现任何这样的体验，不会出现任何根本上同类的体验。"[6] 他是如何知道的？这是一个令人震惊的论断。这一论断已经被有关幻觉的神经科学研究明确否定了[7]。乍看起来，在幻觉与不可区分的同一种好的情况（知觉）之间的共同之处在于，它们共享同一种现象学，并因此——至少对一定范围的特征而言——而共享同一种意向内容。马丁规定，它们不可能"在根本上是同一种类"。从"根本上"应该添加点儿什么东西？由于马丁与其他析取主义者尚未完成对知觉体验的心理学与神经生物学的详细研究，因而他们尚未揭示，在这两种情况下，它们是根本不同的。基于哲学的理由，他们已经决定把这两种体验看作是根本不同的。这也是为什么在好的情况与坏的情况之间究竟什么东西被认为**不是共同的**这一问题上存在如此多模糊之处的原因。现实的策略是去规定：知觉体验是通过它们是不是真实的体验这一问题而被个体化的。析取主义者始于对真实的知觉和非真实的知觉之间的常识性区分。这固然没错。但是，既然已经做出决定要把知觉**体验**个体化，那他们就不得不说，在好的情况与坏的情况之间、在体验本身之中存在着某些差异，**这些差异超越了一个是真实的（体验），而另一个则不是真实的（体验）这一事实**。在好的情况与坏的情况之间存在着一个明显的差异——一个是好的而另一个是坏的。但是析取主义坚持认为必定存在着某个超越了这一区分的东西。必定有某种东西超越了这一单纯的事实，即，在一种情况下，我正好看见了对象，而在另一种情况下，我对这个对象有一个体验类型相同的幻觉。

准确地理解这一点很重要。我决定沿着笛卡尔以及几乎所有人的路线，按照规定来考察真实的体验和与之对应的完全相同的幻觉。析取主义者——同样，按照规定——决定根据它们是不是真实的（体验）把知觉体验个体化。双方不得不同意，有意识的、定性的主观状态确实存在。如果没有有意识的主体性，就不可能讨论这些问题[8]。我提出的这一理论，也即有意识的、呈现的意向性，通过其现象学——对于基本情况而言，通过其意向内容——将这些体验个体化了。接着，这些析取主义者又通过它们是不是真正的（体验）而把这些有意识的知觉体验个体化了。然而，析取主义者的规定有一个比共性论题的规定更大的承诺。共性规定只要求：可能存在两个知觉体验，一个好的，一个坏的，它们具有完全相同的现象学和相同的意向内容。析取主义者的规定要求，除了一个是好的、另一个是坏的这一事实之外，还要求在每一种情况下都必须存在某些更深层的差异。但是在他们看来，不可能存在如下情况，即可能存在两种情况，其中一种是好的，另一种是坏的，它们具有完全相同的现象学与意向内容。

在做了这一规定之后，析取主义者致力于向我们提供对真实的体验和幻觉体验的意识成分之详尽描述，这些描述将表明，在每一种情况下，意识成分都必定有所不同。我还没有看到有哪个析取主义者认真地尝试这么去做，那么，就让我们转向下一个深层次的问题吧。为什么所有人都想做这样的规定？马丁给出了一个清楚的答案。他认为，如果你不做出这样的规定，那么你就不得不否认素朴的或直接的实在论。正如马丁所写的那样："接受析取主义的主要理由是要阻止对我称作**素朴实在论**的一种知觉理论的反驳。素朴实在论者认为，至少我们的一些感觉片段是对一个独立于体验的实在的呈现。"[9] 如果你同意共性假设，那么"最高的共同因素"就可能是知觉对象。实际上我认为这是我看到的对我所定义的析取主义[10]唯一严肃的论证，到现在，读者也会把它当作坏论证。不过，我会在后面对之做更详尽

的讨论。析取主义的深层动机是这样一种信念：我们要为共性论题付
出高昂的哲学代价，人们在一个又一个析取主义者的著述中看到了这
一点。我会在本章的剩余部分论证：一旦你对知觉体验的呈现意向性
有了一个充分的解释，那么就根本无须为共性论题付出任何代价。颇
具讽刺意味的是，马丁用来表达其观点的论述正是我要用来刻画我的
观点的论述，而我的观点构成了对其析取主义的一个反驳。他说，
"至少我们的一些感觉片段是对**一种独立于体验的实在之呈现**"（斜体
为我所加）。这种说法也恰好陈述了我的观点。

II. 支持析取主义的论证及对这些论证的回应

（支持析取主义的）最常见的论证是坏论证的一种变形，后者说，
共性论题的结论是：素朴实在论是错的。但素朴实在论是对的，因此
共性论题是错。假定不论是好的情况还是坏的情况都有一个共同特
征，用麦克道威尔的话说，就是一个"最高的共同因素"（highest
common factor）。如果这样的话，最高的共同因素就是知觉对象，一
个被知觉的本体论上主观的东西。但如果这一点为真的话，那么素朴
实在论就是错的。我们独立地知道素朴实在论是真的，因此，通过对
比，最高的共同因素理论必定是错的。传统形式的坏论证表明最高的
共同因素就是被知觉的对象，即感觉予料。这一论证否定了有一个最
高共同因素的第一个前提，并因此——通过接受论证的有效性而同时
在第一个前提是假的基础上挑战了其合理性——维护了素朴实在论。
因此，不论是感觉予料理论者，还是析取主义者，都犯了同样的错
误，尽管他们认为他们正相反对。错误正在于假定，共性论题意味着
不论是在真实的情况下，还是在幻觉的情况下，共同的元素都被知觉
到了。

我在本书中始终在证立一种形式的直接实在论，它不仅与共性论
题相一致，而且事实上也是我在第二章所给出的对知觉体验的呈现意

向性说明的一个直接结论。我与析取主义者正是在这一点上产生了最为严重的分歧。我认为共性论题并没有反驳直接实在论，而坏论证却假定共性论题做到了这一点。

我说过，析取主义者错误地认为人们必须为接受共性论题付出代价。我将列举他们认为接受共性论题所要付出的那些代价，然后在每一种情况下都表明你无须付出这样的代价。假定某人接受了本书所提出的两个主要论断：首先，坏论证确实是错的。其次，真正的知觉具有呈现意向性，并因此暗含了直接实在论。对于任何接受这两个主要论断的人而言，根本不存在接受析取主义的动机。析取主义与其说是错的，不如说是不必要的。

反驳 1：共性论题暗含着对素朴实在论的否定

如我所言，最常见的析取主义论证是：维护素朴实在论是唯一的途径，而就实际情况来说，这就是坏论证。但是，由于这里的问题很大，所以我想稍微深入地考察一下它们。我始终认为，一旦我们认识到了坏论证的错误所在，我们就会接受共性论题和素朴实在论。直接实在论只是说，我们直接知觉对象，而不是通过首先知觉其他东西（来知觉对象）。视觉体验是内容，而非知觉对象。我所认识的析取主义者认为，与我一直支持的直接实在论版本相比，他们对素朴实在论有一种更强烈的感觉。析取主义者最喜欢的说法是，在真实的情况下，对象**的确**（literally）就是知觉体验的一部分，但在幻觉的情况下，不存在作为知觉体验之一部分的对象；所以，知觉体验在这两种情况下是"根本"不同的。迄今为止，我尚未回答素朴实在论的这一概念。

对反驳 1 的回应

让我们考察一下对象完全就是知觉体验的一部分这个论断。从一种解释方式来看，这个论断毫无疑问是真的，而从另一种解释方式来看，则完全是假的。如果你看一下"主体 S 看到了对象 O"这个句子的真值条件，你就会发现，很显然"O"的出现是外延性的；也就是说，陈述的真就暗含了 O 的实存。在这种意义上，对象就是陈述的真值条件之全部集合的一部分，因此这个断言就是完全正确的，因为被看到的物理对象不可能只是头脑中的主观知觉体验的一个块片。

但是，也有一种更深层的意义，在这种意义上，对象是一个构成部分，原因恰恰在于体验的形式是呈现意向性的形式。除非意向性完全击中了对象，而对象引起了它的体验，否则（真值）条件就得不到满足。请记住，知觉不只是一种**表象**，而且是一种直接的**呈现**。所以，复言之，直接的知觉并不是一个支持析取主义的论证，毋宁说，它是知觉之呈现意向性的一个自然而然的结果。

在任何有意识的知觉中都有一个主观的成分。在视觉中，主观体验在知觉者的头脑中，而对象则不在她的头脑中。但是，在我的体验中，析取主义者认为他们的素朴实在论概念有一种更强的意义，在这种意义上，对象完全就是体验的一部分。这个论断既不完全为真，也不完全为假。那它们究竟可以意指什么呢？所有这些都是在真实的时空世界中发生的事件和出现的对象。主观体验是由物体反射的光对我的感光细胞的影响引起的。我已经在第一章刻画了这些东西是如何彼此相关的图景。我认为，这些东西之间的关系在那一章已经得到了清楚的刻画，如果有人要质疑我的刻画，那么他就必须描绘出另一幅图景。要想搞清楚析取主义者如何能够描绘出知觉处境的一幅融贯的图景并非易事，因为这幅图景有诸多限制：

（a）物体反射的光引起了一系列从视网膜的感光细胞开始的神经元放电（firings）。

（b）那个系列最终产生了一个**有意识的视觉体验**。

（c）与一切有意识的状态一样，这些有意识的视觉体验是定性的、本体论上主观的，而且是一个统一的意识领域的组成部分。它们从不孤立地出现，而是在任何时候都是我的意识总体的一部分。

（d）它们都存在于头脑中，也就是说，光子的作用最终引起了定性的、主观的视觉体验，以及其他诸如光合作用与消化作用这样的生物现象，这些生物现象完全存在于生物系统中。它们存在于细胞系统中——在这种情况下，存在于神经元之中——，可以说，它们根本不可能从大脑中溢出并漂浮于相邻区域。后面我会回到这一点上来。我想，这可能就是我对析取主义的决定性反驳。对象是知觉的一部分这个论断没有意义，因为完全存在于大脑中的有意识的、定性的、主观的知觉体验可以包含所见的物理对象这个论断本身也没有意义。

176   因此，我们已经找到了解释这一论断的第三种方式：除了要么完全正确要么完全错误之外，还有一种理解这个论断的方式，它没有被赋予明确的意义使我们能够刻画所涉及的不同实存者之间的关系。如果你认为桌子完全就是我对这张桌子的知觉体验之一部分，那么，在同样的意义上，也即在我的颜色体验完全就是我的知觉体验之一部分的意义上，你给我画一幅图来表明主观的本体论和客观的本体论及其因果关系。

对反驳 1 的进一步回应：知觉情境的要素

这些问题太重要了，所以完全有必要再回顾一下那些图。请记住，当被知觉的对象反射光子，光子撞击视网膜并引起一系列事件时，知觉哲学就开始了。这里的理论既是因果的，也是意向性的，但是为了简化并避免不必要的纷争，我将暂时忽略知觉的意向性。这里的图景大概是这样的（见图 6-1、图 6-2）：

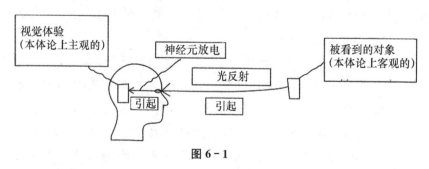

图 6-1

这幅图刻画了因果次序，通过这一次序，视觉在大脑中引起了一个有意识的视觉体验。

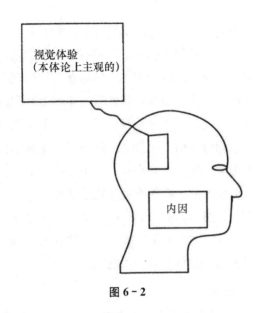

图 6-2

　　这幅图刻画了一个幻觉，在其中，一个类型同一的视觉体验在没有对一个对象之知觉的情况下发生了。

　　在这两种情况下，通过规定，幻觉体验的现象学与真实体验的现象学是同一的。　*177*

　　现在，就这些图像而言，析取主义者究竟想说些什么呢？请记住，我们正在讨论世界中的实在的（生物学的）因此也是物理的事件。也就是说，过于敏感的（touchy-feely）、定性的、主观的内在知觉体验只不过是生物学的一个物理材料。其存在并非某个值得论证的东西，当然，尽管我正准备为之论证。任何持有一种知觉理论的人都必须能够画出这些图，因为在所涉及的不同实存者之间有空间关系和因果关系，并且它们必须是可描述的。也请记住，知觉体验本身是看不见的，因为在真实的情况下，它正是对被知觉的对象的**看**，而且在幻觉的情况下，它是一个没有对象的有意识的知觉体验。

　　我会描述两种解释，因为我已有机会与它们的作者们进行讨论，所以我在我的复述（representation）中也会更加自信。与其说我了解其他的析取主义解释，不如说我更了解它们。第一种解释就是与坎贝尔相关的关系理论（relational theory）。在关系理论看来，知觉情　*178*

境中有且仅有三个要素：知觉者、对象以及观察视角。在他的解释中，丝毫不承认在知觉者的头脑中进行的有意识的、定性的、主观的知觉体验之存在。他极力否认这种把主体放在首位的观点。关键问题未能被提出：本体论上主观的有意识体验与本体上客观的所见对象之间究竟是什么关系？此外，从这一观点来看，如下问题没有答案：光子对感光细胞的影响究竟引起了什么？这不仅是错误的哲学，而且也是错误的神经生物学，因为，它在没有给出任何理由的情况下，就否认了视觉体验如何发生的标准的神经生物学解释。[关于标准的解释，参见克里斯多夫·科赫（Christof Koch）的《意识探秘：一种神经生物学的路径》[11]。] 我不知道如何基于这一解释来刻画幻觉的图景。在我看来，对"关系"解释有四个关键性的反驳：

1. 它没有解释幻觉。

2. 它不能对光子撞击感光细胞以后所发生的事情给出因果解释。

3. 它含蓄地否认了有意识的知觉体验之存在，也就是说，它否认了定性的、主观的知觉状态之存在。

4. 它不能在不同模态中区分相同的内容，因此看见桌子的光滑与感受到桌子的光滑这两种体验把知觉者与桌子的光滑关联了起来；但是看见的主观性质完全不同于感受的主观性质。我没有看到关系理论如何能够陈述这些事实。我会在后文回到这一论点上。

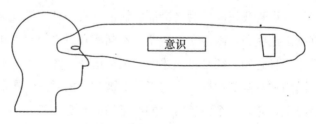

图 6 - 3

这幅图刻画了一些析取主义者是如何认为有意识的知觉体验把被知觉的对象作为一个部分包含在自身之中的。我认为这毫无意义。

179　　　除了这四个反驳外，还有许多其他的反驳，但是它们每一个似乎都是决定性的，因此，或许它们已经足够了。在本章后面部分，当我考察有意识的知觉之意识方面时，我会对坎贝尔的解释进行更深入的反驳。

第二种有可能与马丁和诺伊相关的观点认为，在真实的情况中，意识以某种方式溢出了大脑并把对象包含在自身之中。坦言之，我不认为这样一种观点可以变得融贯，但是让我们来试一试。我们正在讨论的意识是一种生物学现象。也就是说，它是定性的，是本体论上主观的，而且始终作为一个整体意识领域的一部分而存在。在现实生活中，像所有生物学现象一样，它在细胞系统中得到实现。把光合作用、消化作用或哺乳作用看作可比较的生物学现象。它们没有一个可以只是漂浮在空间中。所有的生物学都必须在物理的、生物学的系统中得到实现。但是，假设我们创造了一种外在于生物学系统的人工视觉意识。当然，这样一种东西在逻辑上是可能的，而且甚至有朝一日在技术上也是可能的。好吧。尽管如此，意识仍然必须在某种东西中得到实现。这是实在世界中一切高阶特征的基本特征——桌子的坚硬、水的流动性、钢筋的弹性。一切高阶的物理现象都是在物理基底中得到实现的。当意识溢出大脑时，物理基质究竟是什么？不好意思，我必须提出这些问题，因为提出问题已经意味着理论是难以置信的。（我正在预设，笛卡尔的观点——定性的主观意识不是实在的生物世界的一个物理特征——是根本不可能的。过去三个世纪以来，我们都未能理解这一观点。）但是，正如我的学生们所说的那样，这一讨论的底线在于，析取主义的知觉概念与其说是错误的，不如说是不融贯的，因为对于被知觉的对象、对它的有意识体验与环境的其他元素——诸如知觉者的大脑——之间的空间关系和因果关系而言，析取主义者并未给出融贯的解释。任何一种知觉理论的充分条件都在于，它们能够展示这些关系，并且表明真正的知觉和幻觉体验是如何彼此相关的。

反驳 2：对析取主义的一个选言论证

马丁有一个论证，他认为他的这个论证不属于我对坏论证所做

观物如实：一种知觉理论

的反驳。我认为它是，但它值得详加讨论。他认为这个观点是他和
我都接受的，他把它叫作体验的自然主义（Experiential Natural-
ism）。其大致观点是：我们的体验是自然世界的一部分，并且受因
果秩序的支配。他认为体验的自然主义与共性论题——他叫作"同
类假设"——的共性理论一道强化（force）了对素朴实在论的反
驳。该论证如下：

181

> 因此，体验的自然主义把某些限制加到了可以适用于幻觉体
> 验的东西上。这些体验要么只能具有依赖于体验的对象，**要么根
> 本不是与对象的关系**。借助同类假设，无论什么东西适用于当你
> 产生幻觉时所具有的体验种类，同样的东西也必须适用于当你知
> 觉时所具有的体验种类。因此，要么当你在进行真正的知觉时你
> 的体验是依赖于心灵的对象，要么你的体验本质上根本不是与任
> 何对象的关系。[12]

对反驳 2 的回应

上述论证中，关键句子是："借助同类假设，无论什么东西适用
于当你产生幻觉时所具有的体验种类，同样的东西也必须适用于当你
知觉时所具有的体验种类。"这句话是模糊不清的。它可以意味着，
适用于好的情况的本体论上主观的定性特征的东西也必须适用于坏的
情况。这的确是一个要求，而且正如我已陈述过的那样被共性假设所
满足了。但是，它也可能意味着，不论两种情况与对象具有何种关
系，这种关系都必须是相同的。而且，它也可能意味着，这种关系立
刻就产生了一种悖谬，因为坏的情况根本不是与一个对象的关系。这
就是把它叫作幻觉的意思。有一种东西，依照规定，它显然不适用于
两种体验：一种是真实的，而另一种则不是。一种涉及对一个独立于
心灵的对象的知觉，而另一种则不涉及这样的知觉。同类假设只要求
两种情况下体验的实际的内在定性特征是相同的。但这并不与如下事
实相一致：一个是真实的，而另一个却不是。但我（的论证）不想走
得太快，那么就让我们再回顾一下它吧。

154__

让我们分别来考察一下马丁的两个析取项。我认为，显然，在幻觉中没有对象。它是幻觉之定义的一部分，而且坏论证会假定必定有 *182* 作为一个对象的感觉予料。真实的体验是与一个所见对象的关系。一个幻觉体验没有对象。问题应当是什么？重复一下，这里是关键论断。同类假设要求我们假定"无论什么东西适用于当你产生幻觉时所具有的体验种类，同样的东西也必须适用于当你知觉时所具有的体验种类。因此，要么当你在进行真正的知觉时你的体验是依赖于心灵的对象，要么你的体验本质上根本不是与任何对象的关系"。我认为这个论断恰恰表明它未能区分内容与对象，而这正是坏论证的基础。我同意马丁，它不是对坏论证的简单重复，而是对产生坏论证的基本原则的重复，亦即，相同的**内容**暗含着相同的**对象**。这就是坏论证。让我强调一下这一点：体验的自然主义并不具有这样的结论，即好的情况和坏的情况之间的共性意味着它们每一个都有相同的对象。这是一个错误的结论，因为区分好的情况和坏的情况的关键在于区分那些有对象的情况和无对象的情况。为什么所有人都假定它们必须拥有相同的**对象**呢？这句话我重复多少遍也不为过：相同的内容并不暗含相同的对象。我看桌子并且看见了桌子，所以我的体验以桌子为对象。我有一个幻觉，它有完全相同的内容，但却没有对象。体验的自然主义与同类假设的结合并不表明相同的内容暗含相同的对象。相反，我们关注这些情况的唯一理由在于，它们证明了这一点，即在两个知觉体验中，在一种情况下，你可以具有完全相同的意向内容和意向对象，然而在另一种情况下却没有意向对象。

反驳 3：知识论证

在文献中，通常区分形而上学的析取主义和认识的析取主义 *183* (Epistemic Disjunctivism)。迄今为止，我的注意力都集中在形而上学的析取主义者身上，例如坎贝尔和马丁。但是，对于析取主义来说，有一个独立的知识论证，其目的在于区分两种不同的体验，而我在此之前忽视了这个论证。我不认为它是在证立我所定义的析取主义，不过，让我们来看一下这个论证，看看我们能发现什么。

在真实的知觉中，我们获得关于周围世界的直接知识。如果共性论题是正确的，那么在知觉中就会有一些附加的成分，并且很难看到，如何能够给出一种对认识论的正确解释。就共性论题而言，真实的知觉只不过是附加的。你产生幻觉，把引起幻觉的对象附加到幻觉上，而这个对象给了你一个真实的知觉。这是一个荒谬的知觉图式，它使我们无法解释我们从知觉体验中获得的直接知识。

在麦克道威尔对泰勒·伯奇的回应中[13]，他说，就他正在考察的体验种类而言，"客观实在的某些方面就**在那里**，对一个主体而言，它通过知觉**呈现**给她。比起体验之单纯为真而言，这是一个更加苛刻的条件"。他继续说道："拥有一个可以用那些术语描述的体验就是拥有一个**不可废除的**担保，以相信事物就是体验所揭示的那个样子。"

对反驳 3 的回应

184　　　除了"不可废除的"隐喻，麦克道威尔的描述听起来非常像我自己的观点。他同样也用了我正在用的"呈现"（presence）这个概念。所以，例如，当我看着我正在其上工作的这张桌子时，它是直接呈现给我的，在一种意义上，我认为他也是这个意思，而且，这比单纯的真实性更强烈，因为我可能会对远处的某个非常模糊的东西产生真实的知觉。但是，对于桌子的呈现来说，没有任何模糊的东西。正如我和麦克道威尔所认为的那样，它是通过知觉呈现给我的。而且，从现象学上来说，在这种情况下，我很难去怀疑这张桌子是不是真的在这里，所以在我看来，他的解释在很大程度上是对的。问题在于：直接呈现的现象学凭其自身并不能保证一定会成功。我把它看作伯奇所持有的观点，而我也同意这种观点，这种观点认为，你确实可能具有这种呈现的现象学，但却仍然是错误的。麦克道威尔拿它与罚球手做了一个类比：罚球手很容易犯错，但这并不意味着他在任何时候都会犯错。相反，我们所知的一些罚球手是很成功的。但这个类比是薄弱的，因为实际的类比不是与**成功地**发了一个罚球来类比，而是与**尝试**发一个罚球——这一尝试的行为具有尝试的现象学——来类比。类似地，知觉体验的现象学、具有这种体验的现象学凭其自身并不足以保证成功，即使大多数现象学都是成功的。

我认为他的关于替代观点（alternative view）的图式是一个错误的共性假设概念。他似乎认为替代观点把视觉体验看作像疼痛感一样的东西。一个人可能会有相同的疼痛感，有时是由外部对象引起的，而有时则不是。但是共性论题并不意味着知觉概念是通过**附加**独立的元素而获得的，原因在于，视觉体验具有内在的意向性。视觉体验是被知觉的对象和事态的**直接**呈现，它们不是被附加到它上面的某个东西。正如我指出的那样，共性论题强调知觉的呈现意向性。真实的情况是这样的：引起体验的对象是体验本身的意向对象。因果关系的形式是意向的因果关系。我认为直接知觉的认识论解释是正确的，在斯特劳德那里我们可以找到这种解释[14]。这是我一直在阐述的呈现意向性的结果。它当然不是在证立析取主义。

反驳 4：知觉体验作为一个界面

就共性论题而言，知觉体验是知觉者和被知觉对象之间的界面。这种观点甚至是由某些反对析取主义的哲学家所提出的。例如，蒂姆·克兰（Tim Crane）——他并不是一个析取主义者——这样写道：

> 那么，在某种意义上，当意向主义的批评家说，就意向主义的观点而言，知觉"不能通达"（falls short）世界时，他们是对的，而且，也正是在这种意义上，知觉创造了普特南所谓的心灵与世界之间的"界面"。知觉的本质——知觉体验本身——确实不能通达世界。但是，依照意向主义者，这不是某个应当创造任何形而上学或认识论焦虑的东西；它只不过和传统哲学设想的一样，是意向性的一个一般方面的结果。[15]

对反驳 4 的回应

这是一段令人震惊的文字。我认为它对知觉意向性给出了一个错误的解释，而且我看没有别的选择，只能一步一步对之进行批驳。

1. 克兰告诉我们："当意向主义的批评家说，就意向主义的观点而言，知觉'不能通达'世界时，他们是对的。"我对这一反驳的回应是，我不知道他心里装的是谁的意向性解释，但是就我从 1983 年以来一直倡导的意向性种类而言，知觉恰恰不是"不能通达"世界。依照我对"意向主义"的解释，当我抓住桌子时，我确实就抓住了桌子。当我看见桌子时，我确实看见了桌子。

2. "知觉的本质——知觉体验本身——确实不能通达世界。"**知觉的本质不能通达世界**。这正好与我一直主张的关于知觉与实在之间关系的观点相反。人们必须要问，如果知觉并非不能通达世界，那么它会像什么呢？我认为，答案是，它会像它现在所是的那样，并非不能通达世界。

3. 这一"不能通达世界"正是普特南所谓的心灵与世界之间的"界面"。任何这样说的人都应该准确地告诉我们"界面"究竟是什么意思。当我看见对象时，在我和对象之间应该有某个东西吗？这个东西就是"界面"吗？也许并不奇怪，克兰——他并不是一个析取主义者——没有准确地告诉我们界面的本质。他没有告诉我们为什么知觉实际上并未触及它理应触及的东西，而要通过一个"界面"（才能触及）。

4. 他用这样的观点来安慰我们：这并未创造"任何形而上学的或认识论的焦虑"。它只是像传统哲学构想的那样是意向性的普遍化方面的一个结果。我希望他已经准确地告诉了我们这个传统是什么。在之前我提到的这本书中，我强调了知觉体验和行动中意向这二者的**呈现意向性**。

视觉体验不是界面。我认为界面应该是知觉者与被知觉对象之间的一个东西。但事实上，视觉体验**只是**关于对象的知觉。它不是一个界面，或一个相互作用的实存者，或任何这一类的东西。假定有人说，每当我用锤子钉钉子时，锤子和钉子之间就有一个界面，也即我的锤击。但是锤击并不是一个界面，它只是当我锤击钉子时所发生的东西。它是对钉子的锤击，同样，视觉体验是对对象的看。一个界面会是一个本身被知觉的独立的东西。当然，正如我们已经反复看到的那样，那是一个坏论证。你不能知觉视觉体验，因为它就是知觉行为。它不是一个界面，它是知觉行为本身。

通常，如果你考察触摸这种体验的话，你就可以非常清楚地理解这些观点。沿着桌子的表面摩擦你的手，你会产生一种桌面之光滑的感觉。但这种感觉不是你与桌子之间的一个界面。毋宁说，它是你感受桌子本身的一种方式。

克兰的解释最让人失望的特征在于，它让人觉得，不管怎样，析取主义在理智上是受人尊敬的。似乎你为意向主义付出了代价，也为析取主义付出了代价，但是，理性的哲学家可能会决定为二者中的任何一个付出代价。如果人们拥有一种适当的知觉意向性理论的话，那么我不认为他们会严肃地对待析取主义。

反驳 5：感觉予料

188

反对共性论题的第五个论证是：它可能会有为我们提供据以认识世界的"予料"或"根据"的知觉。然而，事实上，它为我们提供的是直接的知识。

对反驳 5 的回应

这的确是一再被重复的同样的错误。视觉体验绝不是人们据以知道哪里有一个对象的"予料"、"证据"、"根据"或其他东西。毋宁说，在真实的知觉中，看见和知道是一回事。你知道那个对象在那儿，因为你看见它了。这正是斯特劳德的观点[16]。但是，它与知觉体验之呈现的意向性概念完全一致（的确它是从知觉体验之呈现的意向性概念中来的）。

反驳 6：真正的知觉是透明的

真正的知觉直达对象本身。我们直接看见对象，我们没有看到任何中介的东西，对我们知觉的描述恰恰就是对外部世界中的对象的描述。**如果你试图描述你的体验，那么你最终描述的是你知觉到的对象和事态**。对正在发生的事情，只有一种描述，从这一事实出发，似乎可以得出结论说，那里只有一个东西。体验和对象并不是两个独立的东西。体验是透明的，并且直达对象。对知觉的任何替代解释都会遗漏这一点，因此我们必须接受析取主义。

对反驳 6 的回应

我对这个论证要说的东西是显而易见的，而且我在前几章就已说过了。透明性的根源正在于视觉体验之呈现的意向性内容。呈现的意向性内容是"我看见了一张绿色的桌子"。与这个意向性内容相对应的世界中的事实是，那里有一张绿色的桌子。还有什么比这更显而易见吗？**透明性不是一个支持析取主义的论据，而是一个反对它的论据。事实上，它也是反对析取主义最有力的论据，因为透明性需要解释，而析取主义什么也解释不了。**完全在我头脑中的定性的主观体验如何能够把本体论上客观的世界中的对象和事态直接呈现给我？答案是，体验具有我所描述的那种呈现意向性。

透明性对于析取主义者来说是一个难题，而我想说的是为什么。如果我说：

(1) 我看见了绿色的桌子。

那么，透明性就从这个陈述中产生了。

如果我想捕捉这一事件的主观成分，那么我可能会说：

(2) 我好像看见了绿色的桌子。

但是，有一些不同的方式，以这样的方式，(2) 可能是真的，那么就让我们把头脑中的东西清楚地展现出来吧。那就是：

> （3）我头脑中有一个有意识的视觉体验，那就是我好像看见 190
> 了绿色的桌子。

形式（1）的任何有意识的知觉体验都会允许形式（3）这样的陈述，但（3）是透明性的根源。对视觉体验的描述或多或少对应于对所知觉的事态的描述。这个事实需要解释。特别是在我的体验中，析取主义者无法看到解释是必要的。

　　但是，由于对视觉的关注，透明性论证被高估了。我看见桌子是光滑的视觉体验很难与桌子的光滑区分开来。但是，如果我用手摩擦光滑的桌面，并且感觉到它是光滑的，那么我就很容易把我在手指尖感觉到的光滑感与桌子的实际的光滑区别开来。视觉体验不是一种身体感觉，因此有可能把视觉体验的内容与其世界中的满足条件相混淆。但是，当你事实上正在谈论身体的感觉，例如在你的手指和手掌中感受到桌子的光滑时，很难造成这种混淆。我会在下一部分讨论坎贝尔的理论时回到这一点。

III. 意识和知觉：坎贝尔的解释

　　对我来说，解释和评价坎贝尔知觉概念的最好方式就是拿它与我自己的观点相对比。我对我的观点的解释会非常简短。

　　假设我站在两块方形的画布面前，一块是纯绿的，一块是纯蓝的，那么我可以在同一个有意识的体验中，既看见绿色，也看见蓝色。这是如何发生的呢？首先，从画布反射的光线引起（set up）了 191
一系列神经生物学过程，这些过程引起了对绿色和蓝色的有意识体验。这些体验有内在的意向性——也就是说，如果至少在我看来，我没有看见某个绿色和蓝色的东西的话，那么我就不可能有绿色和蓝色的体验。它们是本体论上主观的，它们是定性的，它们在我的头脑中进行。如果这些体验是真实的，那么它们是由我面前的对象的特征以正确的方式引起的。应当再次强调，体验是看不见的，它既不是绿色的，也不是蓝色的。这是因为体验是对绿色和蓝色的**看见**（seeing）。你无法看见**看见**，对颜色的看本身是没有颜色的。这并不是一个非常复杂的道理，它与我们关于世界如何运行的知识是相一致的，既来自我们自身的体验，也来自神经生物学。

坎贝尔对同一场景的解释究竟是怎样的呢？依照他的解释，当我站在那儿看这两个对象时，根本没有任何定性的主观意识。只有两个对象的在场，而我的"有意识"的知觉包括我与对象之间的一种直接关系。这一关系的组成成分无非是视角、我自己和两个对象。"意识"完全就是这种关系。因此，我的解释的三个根本特征全部被坎贝尔否定了。它们是：

> （i）当我有意识地看见任何东西时，有意识的、定性的、主观的体验就会在我的头脑中发生。
>
> （ii）这些东西都是由我看见的对象引起的。
>
> （iii）它们有内在的意向性。

坎贝尔否定了这一切。为什么？据我所知，他的唯一论据就是透明性。如果我试图将我的注意力集中在视觉体验上，那么我似乎就不会把注意力集中在对象的特征上。对视觉体验的描述和对其满足条件的描述通常是一样的，所以，在他看来，必定只有一种现象发生。我同意透明性的论据，但我认为透明性是问题，而不是解决方案。对透明性的解释是什么？显然在我看来，这里有两种现象发生，正如事实所表明的那样，如果我闭上眼睛，有意识的视觉体验就停止了，但是被知觉的对象并未停止。这是因为，在我的有意识的主观体验中，显然有某个与被知觉的实际的客观特征不同的东西。为什么它们应该有相同的描述呢？为什么应该有可能把二者混淆在一起呢？从我在本书中所说的一切来看，答案是显而易见的。本体论上主观的有意识体验以本体论上客观的世界之特征作为其满足条件。前者是对后者的直接呈现。

坎贝尔的解释一看就是错的，因为任何正常的有意识的知觉者都

有对绿色和蓝色的意识体验，这里所涉及的东西远不只是单纯地记录
这两种颜色的存在。一个只有在不同色度的灰色中进行知觉的色盲，
才有可能通过区分灰色的不同色度来学习知觉绿色与蓝色之间的区
别。我无法想象坎贝尔如何能够解释这种情况，因为他否认"私人
的"、定性的主观体验之存在，这样的体验是有意识的知觉之本质。

　　我认为坎贝尔的解释显然是错的，但哲学家们喜欢争论，而我也
不例外。那么，我可以提出什么论据来表明他的解释是不充分的呢？
我不认为很难提出一些这样的论据，那么就让我们着手这么做吧。就
正常的颜色知觉和色盲对颜色区分的记录之间的区别，我已经提出了
一个论据。这里是第二个，甚至是更强大的论据。假定我正看着一张
桌子的表面。我看到了桌子的光滑，而它在我这里设定了一系列事
件，这一系列事件引起了我对光滑的有意识体验。现在我们假设，我
的手沿着桌面滑动，并且感受到了我所看到的那种光滑。我没有看到
别人在其正常心智下如何能够否认，我的指尖对光滑的有意识体验是
一个不同于桌面之光滑的实际的有意识体验。没有人可以说对象的光
滑和我的指尖的光滑感是同一个东西。一个简单的证据就是：当我抬
起指尖时，光滑感停止了，而桌子的光滑本身则并未停止。

　　为什么就视觉体验而言，同样的东西并不是显而易见的？视觉体
验完全不同于被知觉到的性质，因为正如我之前所提到的那样，当我
闭上眼睛时，视觉体验停止了，而性质并未停止。因此，我头脑中的
视觉体验和我正在知觉的性质不是同一个东西。触觉体验和视觉体验
之间的一个区别是，触觉体验是**感觉**（sensations），而视觉体验则不
是。光滑的感觉是身体的感觉。在视觉体验中，有可能产生错觉。视
觉体验之所以不同于触觉体验，是因为它们不是具有一个被体验的身
体定位的感觉。在触觉体验中，光滑感确实是我的指尖的一种有意识
的感觉。

　　有什么证据表明知觉和触觉必须以同样的方式对待？注意，视觉
体验（在其中，我看到了光滑）和触觉体验（在其中，我触摸到了光
滑），都是同一个整体意识体验的一部分。在这种特殊情况下，我没

193

有两个独立的体验。我有一个恒定的意识领域，它既包含视觉上被知觉的光滑的体验，也包含触觉上被知觉的光滑体验。作为我的视觉体验之满足条件的东西与作为我的触觉体验之满足条件的东西是完全一样的。在两种情况下，我都在知觉光滑：一种情况下，是通过触觉；而在另一种情况下，是通过视觉。假定在同一时刻我感到后背有轻微的疼痛，那么我会有一个单一的、持续的意识场，其中至少包含这些成分（毫无疑问，它也会包含许多其他东西）：视觉上被知觉的光滑、触觉上被知觉的光滑、我背部的疼痛。所有这些都是在我的意识领域中发生的本体论上主观的现象。增加疼痛的理由在于，显然，疼痛体验是本体论上主观的，而我想表明，这三种体验（触觉体验、视觉体验和疼痛）具有完全相同的主观本体论，因为它们都是同一个意识领域的一部分。

坎贝尔的解释绝不具有直观的吸引力。他提出了什么论证？正如我之前所言，他依赖于一个论证，即他归于摩尔的透明性论证。就意识体验的定性特征之主体而言，他引用了摩尔的论证并表示认可，"但摩尔着重强调的是，没有理由认为，有一些体验的内在特征能够把蓝色的体验与绿色的体验区分开来。既没有必要诉诸区分不同体验的颜色表象之观念，也没有必要诉诸区分两种颜色体验的体验之内在感觉特征的观念。对象——一种情况下是蓝色的，另一种情况下是绿色的——完全不同于体验"。我不知道这是不是对摩尔的正确解释，但它无论如何在我看来都是错的，而且我希望，我已经用之前的例子说明了原因——在那些例子中，我们有颜色体验、光滑的体验（触觉的和视觉的体验）和疼痛的体验，它们都是一个单一的、统一的意识领域之一部分。

但这就导向了坎贝尔的另一个奇特的论断，即体验的"现象特征"就是对象的实际的物理性质。在有意识的视觉中，通常至少有三个元素：被知觉的对象或事态、对象由以被知觉的有意识的视觉体验，以及对象由以引起有意识的视觉体验之因果关系。这里就是坎贝尔关于体验的"现象特征"所发表的一些观点："就关系论（Relational View）而言，当你环顾房间时，你的体验的现象特征是由房间本身的实际布局所构成的：有哪些特定的对象，它们的内在属性，例如颜色和形状，以及它们是如何被安置到相互之间、与你之间的关系中的。"[17] 这是一个令人震惊的论断，所以让我们根据之前已经陈述过的那些例子认真考察一下它。环顾房间，你有可被知觉的桌子，它是本体论上客观的视觉领域之一部分，你还有有意识的主观体验，它是主观视觉领域的一部分。首先以触觉为例，并从它开始进行分析。我沿着桌子的表面滑动我的手指，它感觉是光滑的。有桌子的光滑，它是客观知觉领域的一部分；也有对在我指尖那里的光滑的有意识的感觉，它是主观知觉领域的一部分。很显然，这些是不同的现象。当我沿着桌子的表面滑动我的手指时，桌子的客观的光滑引起了主观的光滑体验。现在，令人难以置信的是，坎贝尔似乎在说，我对手上的光滑的主观感觉是**由**桌子的实际的光滑所**构成**的，**而且因此**与桌子的实际的光滑**是同一个东西**。他说桌子的光滑与你的体验的"现象特征"是同一的。正如下述事实所表明的那样，这不可能是正确的：当我抬起我的手时，"现象特征"消失了，但是桌子的光滑并没有消失，而且光滑引起了"现象特征"。然而更糟的是，看见桌子的光滑之定性的视觉体验完全不同于感受到桌子的光滑之定性的触觉体验。同样的客观性质在两种情况下都被知觉到了，但是客观的性质不可能与体验同一，因为体验是不同的。

196

主观的、定性的知觉体验之哲学问题是试图说明这些现象如何与被知觉的对象关联在一起，而本书的大部分内容都在致力于回答这一问题。坎贝尔对这一讨论的贡献是什么？在我看来，他改变了主体（subject）。主体不是被知觉到的本体论上客观的事态，而是在人的大脑中产生的本体论上主观的体验。对他来说，假定他通过把本体论的主观性与本体论的客观性同一化来处理本体论的主观性之目的只是改变主体。其唯一的联系在于，"性质"这个词似乎既适用于对象的性质，也适用于体验的定性特征。但这只是一个坏的双关语。这就好像有人说要解决癌症的问题那样，"好吧，癌症问题的解决办法就是去说'癌症'（cancer）① 也意味着螃蟹（crab）。但螃蟹和癌症不一样"。知觉的定性特征问题并不仅仅是通过把它们与对象的客观特征同一化来解决的。它们是两类完全不同的现象，与意识的意向性和因果关系相关。在实际的知觉中，我们需要探究意向性和因果关系，以此为我们提供解决定性体验问题的解决方案。

坎贝尔一心要否认知觉意识的存在，但他通过如下事实欺骗了他的读者，这一事实就是，他在继续使用这个词汇的同时却又否定了其所指对象的存在。在对本章的一个早期草稿的回应中，他指出，他实际上并没有说知觉意识不存在。确实是这样；他说的是，视觉有三个且仅有三个成分：知觉者、被知觉的对象和观察视角。我认为这表明他持有这样的观点：知觉意识（我的意思是实在的意识：定性的、主观的感受、感觉或觉知状态）不存在。这就好比我问一个人："萨莉在房间吗？"然后他回答："房间里只有三个人：汤姆、迪克和哈利。"好吧，实际上他没有说萨莉不在房间，但是，基于合理的假设，萨莉不是汤姆，不是迪克，也不是哈利，他坚持萨莉不在房间的方式与坎贝尔坚持定性的、主观的、有意识的知觉体验不存在的方式完全一样。我不认为你能用这个假设来**开始**给出一个对有意识的知觉的解释。

IV. 分歧的真正根源

通常，在哲学中，表面的分歧只是更大的分歧的冰山一角。我认为在当前关于析取主义的争论所发生的事情正是这样。看起来，一类哲学家认为，在好的和坏的情况之间存在某种"根本上"共同的东西，而析取主义却认为没有任何"根本上"共同的东西。但是，这种明显的分歧实际上取决于不同哲学家所具有的知觉概念之间的

---

① cancer 也有"巨蟹座"的意思。

更大差异。我不想通过增加对析取主义的进一步反驳，而只想通过表明如果你否认共性论题你就必须要付出的代价来对这一讨论进行总结。

析取主义的真正困难在于不能对所涉及的东西给出一个一致的和融贯的解释。记住，正如我之前说过的那样，幻觉和视觉都是物理世界中的实在事件，因此，人们应当能够描述它们的特征。我已经在第一章和本章的前面部分尝试这样做了。大脑外部的对象引起了大脑内部的意识体验。意识体验把对象呈现为其满足条件。在幻觉中，大脑内部的材料可以完全相同（按照规定），但它明显不是由作为其满足条件的对象引起的，因为那里没有对象（这也是按照规定）。我还没有看到一个析取主义者能够对空间关系和因果关系，特别是视觉体验及其与被知觉的对象之间的关系给出规范性的说明。

对任何一种知觉理论的一个好的测试是：它能解释对几百万年前就停止存在的对象的真实知觉吗？我现在通过望远镜看到了一颗星星，我知道它在 2 700 万年前就不复存在了。一方面，这个体验是不真实的，因为，所有的体验都是此时此地的体验，在我看来，当我事实上知道这颗星星不存在时，它此时此地是存在的。尽管如此，我知道我看到了那颗独特的星星。现在我可以描绘出一幅关于这颗星星的知觉图景了，事实上，我在本章就已经描绘出了这样一幅图景。星星引起了我的视觉体验。我倒是很想看看析取主义者描绘的图景。我不认为他们能描绘出一幅融贯的图景。那么，究竟在什么意义上，在他们看来，星星是对它的体验的一个必要的组成部分？对于一个在 2 700 万年前就不复存在的对象来说，要描述它是非常困难的。

V. 析取主义与视觉想象

马丁基于我们的视觉意象（imagery）能力，对析取主义做了另一番论证。我认为他的论证非常复杂，我不想尝试概括它。但是依照我的理解，这一论证的核心是，在视觉意象的形成中，我们在一些重要的意义上承诺了在所想象的场景中对象的存在，而这是为了说明在实际的知觉中，场景中的物体是如何成为知觉体验的一部分的。我不认为这是对视觉想象的一种正确解释，而现在我要给出一个我认为更恰切的说明。

199   在形成视觉图像和实际看到某个东西之间的本质区别是，首先，视觉图像通常不如实际看到某个东西那样生动和精细；其次，视觉图像通常是自动形成的，它是由主体的行动中意向引起的。在我们所考察的那些情况下，它是一个意向性地形成的体验。但是，当你实际上看见某个东西时，你的体验是什么并不以那种方式取决于你。你的体验是由场景本身的实际特征规定的。让我们举一个例子来说明。假定我得到一条指令：形成埃菲尔铁塔的一个视觉图像。有一种非常重要的意义，在这种意义上，我并不把我自己想象为场景的一部分；它只是我想象的埃菲尔铁塔。那么，现在，假定我有第二条指令：形成一个你从特定的位置即巴黎的亚历山大三世大桥看见埃菲尔铁塔的视觉图像。在第二种情况下，我是所想象的场景的一部分，而我正在想象的东西是我自己实际上正好看见了埃菲尔铁塔。现在，假定这里有第三条指令：完全按照第二个指令所规定的那样去做，但是想象这是一个幻觉。想象你正站在亚历山大三世大桥上，而你产生了一个幻觉。在这种情况下，我可以想象完全相同的内容。但在幻觉中，无论如何，我都没有承诺在所想象的场景中有一个对象存在，因为我所想象的是我自己有一个关于那一对象的幻觉。在这两种情况下有相同的想象内容，而在第二种情况下没有关于对象的承诺。还有第四种情况，在其中我可以再次想象自己有相同的体验和相同的内容，但是，让我们想象，在这种情况下，我不知道它是不是一个幻觉。对这个问题保持开放。

这些例子的目的是要说明，我们真的无法从视觉意象的特征中得出有趣的、重要的结论，因为把什么特征置入视觉图像取决于我们。

200 我们可以有一个视觉图像，在其中我们承诺了在所想象的场景中看到的一个对象的存在，但却没有承诺有一个具有完全相同内容的视觉图像。如果视觉意象不利于析取主义的话，那是因为人们可以很容易地有两个具有相同内容的视觉图像，但其中一个是幻觉。在第三种情况下，我想象自己具有和我在真实情况中所具有的完全相同类型的视觉体验，但是依照规定，所想象的情况是想象有一个幻觉。内容完全相同，但一个是真实的，另一个是幻觉。这取决于我如何选择去想象它。

注释

[1] Koch，Christof. *The Quest for Consciousness*：*A Neurobiological Approach*. Englewood，CO：Roberts & Co. Publishers，2004，105.

[2] Ffytche，D. H.，R. J. Howard，David A. Brammer，P. Woodruff，and S. Williams. "The Anatomy of Conscious Vision：A fMRI Study of Visual Hallucinations."*Nature Neuroscience*(1998)：1，738–742.

[3] Ffytche，D. H. "Hallucinations and the Cheating Brain."*World Science Festival*（2012）.

[4] 其中，我已找到的两篇最有用的文章是马修·索特里奥（Matthew Soteriou）在《斯坦福哲学百科全书》中写的《析取的知觉理论》（http：//plato. stanford. edu/entries/perception-disjunctive/）和威廉·费什（William Fish）在《网络哲学百科全书》中写的《析取主义》（http：//www. iep. utm. edu/disjunct/）。

[5] Byrne，Alex，and Heather Logue，eds. *Disjunctivism*：*Contemporary Readings*. Cambridge，MA：MIT Press，2009，ix.

[6] Martin，M. G. F. "The Limits of Self-Awareness," in Byrne and Logue. *Disjunctivism*：*Contemporary Readings*，279.

[7] Ffytche，Howard，Brammer，Woodruff，and Williams. "The Anatomy of Conscious Vision."

[8] 尽管坎贝尔继续使用"意识"这个词，但他实际的意思是

说，有意识的知觉体验并不存在。也就是说，在这个意义上，我与其他所有人都使用"意识"这一表述指称那些具有一种"感觉像什么"的特征的状态。他没有承认如此这般的有意识知觉状态之存在。他说，知觉情境的**唯一**特征就是知觉者、对象以及观察视角。在对本章的一个早期草稿的回应中，他指出，他并没有明确否认知觉意识的存在。确实如此，但如果仅有三个特征，而且它们都是本体论上客观的，那么对于本体论上主观的知觉意识而言就没有存在的空间了。后文对他的观点有更多论述。

〔9〕Byrne and Logue. *Disjunctivism*: *Contemporary Reading*, 272.

〔10〕马丁对想象有其他论证，我会在后文做简要讨论。

〔11〕Koch. *The Quest for Consciousness*: *A Neurobiological Approach*.

〔12〕Martin. "The Limits of Self-Awareness," in Byrne & Logue eds: p. 275.

〔13〕McDowell, John. "Tyler Burge on Disjunctivism." *Philosophical Explorations* 13 (2010): 3, 243-255.

〔14〕Stroud, Barry. "Seeing What Is So," in *Perception*, *Causation*, *and Objectivity*, ed. Johannes Roessler, Hemdat Lerman, and Naomi Eilan. Oxford: Oxford University Press, 2011, 92-102.

〔15〕Crane, Tim. "Is There a Perceptual Relation?," in *Perceptual Experience*, ed. Tamar Szabo Gendler and John Hawthorne. Oxford: Clarendon Press, 2006, 141.

〔16〕Stroud. "Seeing What Is So."

〔17〕Campbell, J. *Reference and Consciousness*. Oxford: Oxford University Press, 2002, 116.

第七章　无意识的知觉

迄今为止，本书完全都在致力于讨论有意识的知觉问题。然而，也存在一些有趣的关于无意识的知觉的问题。由于当前的讨论形势，这些问题已经变得更加紧迫，反而使得意识本身看上去似乎并不那么重要了。在这种氛围下，似乎绝大多数最重要的人类心理过程和活动都是无意识的，意识的功能——尽管仍不清楚——更可能是一种调节和监控的功能，而非承担、发起或实施人类活动，包括知觉和思想这样的认识活动的功能。这一章将主要讨论无意识的知觉，但我也会讨论一些其他种类的无意识的心理现象，例如无意识的行动[1]。

I. 无意识的简史

无论在科学中，还是在哲学中，我们都没有对意识与无意识之间的关系做出恰当的说明。真正的问题是什么呢？确实存在一些问题，但了解它们的最简单的方式是讨论这些问题的历史。几个世纪以来，意识都被认为是相对无问题的，而且，无意识的心理状态的概念被认为是令人困惑的，或者可能是不融贯的。反对无意识的论证如下：笛卡尔和其他人表明，心理状态本质上是有意识的。的确，有意识是心理状态的本质。无意识的心理状态的概念因此也便成了无意识的意识的概念。这显然是自相矛盾的。就笛卡尔对心理之物的定义而言——这一定义统治了人类理智生活数百年，不可能存在任何无意识的心理现象。早在 19 世纪，就曾有人对这一概念提出挑战，并且捍卫了无意识的心理现象的观念。其中最重要的代表人物有三个，分别是文学中的陀思妥耶夫斯基、哲学中的尼采和叔本华。弗洛伊德当然没有发明无意识的概念，但他在对这一概念的推广上无人能及。今天我们很难揭示弗洛伊德对人类智性生活的巨大影响。威斯坦·奥登（Wystan Auden）这样描述道："对我们来说，他已不再是他个人，而是代表着整个知见的风气（climate of opinion）。"[2] 弗洛伊德的无意识概念比人们所认识的还要复杂[3]。简要地说，弗洛伊德的观点是，我们需要在前意识（pre-conscious）和无意识（unconscious）之间做一个区分。前意识由我们当下没有想到的那些现象所组成，例如我的信念：华盛顿是美国的第一任总统。但是，对弗洛伊德来说，无意识还包括真正的压抑。弗洛伊德的无意识概念与前意识相对，仅仅指那些太过痛苦以至于无法出现在意识之中的心理状态。例如，男孩想要和母亲做爱并杀死父亲的欲望被弗洛伊德看作一种被压抑的**无意识的**动机形式，因为这种欲望太痛苦而无法承认，但仍然作为男孩的动机的一部分而存在。

203

我认为弗洛伊德从理智上来说在今天已经过时了，他的理论也不再被看作关于无意识的一种有效的科学概念。在 20 世纪后几十年出现了另一种无意识概念，我把它叫作"认知的无意识"（Cognitive Unconscious）。在你的大脑当中应该有一些正在进行的真正的心理过程，与单纯的神经生物学的过程相反，它们在原则上无法被意识所通达。当然它们是在神经生物学上被**实现**或者被**完成**的。但是，对理解这些过程最为本质性的描述层次是无意识的心理层面的描述层次，而且既不在神经生物学的层次上，也不在有意识的层次上。这个观点是说，为了解释人类的认知，我们必须假定在大脑中进行的真正的心理过程之存在，这些心理过程不是有意识的，甚至也不是有可能变成有意识的那类东西，但尽管如此，它们仍然处在一个比神经生物学更高的层次上。因此应该有三个层次的解释：（1）最高的层次是意向性的层次，有时也被轻蔑地称为"大众心理学"；（2）最低的层次是神经生物学的层次；（3）中间层次是认知科学的层次，正如后文所解释的那样，这一层次是认知科学的工作领域。

这一三重概念的两个例子是视觉和语言的习得与使用。在视觉中，认知的无意识的观点是说，为了解释视觉信息的处理过程，我们必须假定一个计算（机）的层次，它是无意识的，但并不仅仅是神经生物学的事情。持有这种观点的经典文本是马尔（Marr）的《视觉》这本书[4]。马尔假定了三个不同的分析层次。他把最高的层次叫作计算（机）的层次。在这个层次上，系统解决了它的问题。因此，例如，视觉系统必须要有意识地探测对象的形状。处于最低层次的是神经生物学，所有这些活动都在那里进行。但马尔的独特贡献，而且确实也是整个心灵的计算机概念的独特贡献在于，在解决问题的最高层次和神经生物学的最低层次之间设定了一个中间层次。在这个中间层次上，有被系统的"硬件"执行的算法。为什么这个中间层次如此重要呢？因为这意味着，有一门视觉科学，它既不是意向主义的心理学，也不是神经生物学。有一个中间层次，一门视觉科学可以在这个层次上进行，但前提是要搞清楚主体所遵循的算法，搞清楚在大脑中被执行的计算（机）程序。

我认为马尔的整个概念都是模糊不清的，我想本书的读者和我以前著作的读者对此应该都不会感到惊讶。马尔说，有一个意向性的层次，但实际上，有好几个意向性的层次；马尔说，有一个意向性的神经生物学的实现层次，但实际上，有好几个这样的层次；但并不存在心理学上是实在的，而却无意识的算法处理层次。观点在于，中间层次的这些心理过程应该是在心理学上实在的，尽管完全是无意识的。如下这一观念尚未获得明确的意义，即，对于计算机的执行层次而

204

言，有任何心理学的实在。你可以用计算机术语来描述大脑，正如你可以用计算机术语来描述任何系统一样。但讨论的计算过程与所有观察者相关。这些计算都与一些外部观察者的计算解释之赋值（assignment）有关。有时这么做是有用的，例如，当胃知道需要多少特定的化学物质来攻击（attack）消化的摄入量时，你就可以认为胃在进行计算。

205　　正如我在本书中一再重申的那样，反对存在一个心理学上实在的深度无意识层次的论据仅仅在于，任何意向性都需要侧显形式（aspectual shape）。表象始终处于这样或那样的侧显下。但是，当系统完全无意识的时候，侧显的实在是什么呢？对水的无意识的欲望和对 H_2O 的欲望有什么区别呢？二者或许都是心理学上实在的？一个主体或许并不知道水就是 H_2O，他可能会错误地认为 H_2O 是某种令人作呕的东西，所以只想要水而不想要 H_2O。当他完全无意识的时候，关于他的什么事实使他有这样一个欲望，而非其他？我认为答案很清楚。我们把无意识的心理状态的概念理解成了潜在地有意识的某物的概念。你可以问主体，他可以把他的欲望和厌恶带给意识。但在马尔的计算（机）层次的情况中，不可能把这些东西带给意识，因为不存在可以变成有意识的思想过程之一部分的那类东西（稍后我会就此观点做更多论述）。

　　好吧，那么，为什么大脑不可能像其他数字计算机一样呢？大脑可以仅仅是一个像任何其他东西那样的有一个计算的机制吗？答案是：在所有这样的情况下，计算都与观察者有关。这并不意味着计算是不真实的；相反，我们花费巨资来建造这样的计算机并且给它们编程，让它们来做我们想要做的运算。但它确实意味着，运算并不以这样的方式——硬件中的电路和电子状态转换是固有的和独立于观察者的——来命名一个固有的、独立于观察者的过程。毋宁说，硬件就是这么设计的，所以当它被编程之后，我们就可以用如此这般的方式来**解释**它。我要着重强调下这一点：除了一个有意识的主体经历了算法难题，并且实施了计算之外，计算始终是与观察者相关的。

在人类认知的解释中，发挥因果作用的无意识心理现象的第二 *206*
个例子是语言的习得和使用。孩子能够使用语言的方式、孩子能够
处理语言刺激的方式、孩子能够造句的方式，应该都是一些心理过
程，这些心理过程并不仅仅是无意识的——但也不像弗洛伊德的无
意识，它们不是主体可以意识到的那类东西。我们所讨论的心理过
程都是计算状态。如果人们想要在一种理论中表象它们，就必须要
用认知心理学家和专业语言学家所使用的计算机程序的记法，或者
更典型的一套技术用语。当语言学家说，孩子运用"阿尔法移动"
（move alpha）规则时，并不意味着孩子精通希腊语字母表。这种
记法只是语言学家表象孩子大脑中的一个无意识心理过程的
方式。

依照这种解释，不论是视觉，还是语言习得，都是计算问题。我
们认为心理状态本质上是计算状态，而计算层次介于神经生物学层次
和"大众心理学"层次之间。它在心理学上是实在的，但既非有意识
的，也无法被意识所通达。

伴随着认知革命，发生了一种转变。认知科学的研究者们不再认
为无意识是令人困惑的、成问题的，而意识是心理生活的正常形式，
他们开始认为意识是令人困惑的、神秘的，甚至可能超出了科学研究
的范围，然而无意识成了解释的标准模式。对这种转变的解释是，就
这一范式而言，我们可以把大脑看作一个数字计算机，而把心灵看作
一套计算机程序。随着认知科学的诞生，至少在初期，研究者们迫切
希望对人类的认知提出科学上有效的解释模式。但科学的解释不应是
内省心理学，也不应是行为主义。认知科学至少部分地建立在对行为 *207*
主义的回应中。那个时候看起来非常有吸引力的模型是计算范式。我
们可以认为大脑实行了大量计算，这些计算在心理层面上而非在神经
生物学层面上进行；但同时，它们不是常识心理学或者"大众"心理
学，而完全是无意识的。

我已经批评了无意识的心理运算的观念。无意识的心理运算是认
知科学早些年的特征，我在本章开头部分已经简要概述了其中的一些

论证。现在我想把我的批评稍微往深处扩展一下。首先，我们区分浅层的或日常的无意识和深层的或不可通达的无意识。在前一种无意识状态下，无意识的心理状态原则上是我们可以意识到的那类东西；在后一种无意识状态下，无意识的心理状态甚至不是主体可以意识到的那类东西。深度无意识是无法被意识所通达的，因为所讨论的规则甚至不具有它们用来有意识地进行操作的形式。例如，它们是非常复杂的计算规则问题，这些计算规则可以被陈述为一个非常长的 0 和 1 的序列。但甚至这也只是理论家表象不可为意识所通达的符号处理的一种方式。

这个意识概念，也即深度无意识的概念，在我看来，在哲学上是不合法的。我曾承诺要发展关于侧显的论证，这一论证如下：心理状态的概念就是表象满足条件的某物的概念，但是所有表象都是侧显。这意味着所有表象——包括我们在知觉中获得的那类呈现——都必须要有一些侧显形式。我从这个角度而非从那个角度来看这把椅子。我想要的是符合水的描述的东西，而非符合 H_2O 的描述的东西。所有意向性都是侧显的。但当状态是完全无意识的时候，就只有神经生物学的现象了。在无意识的心理状态层面上没有侧显，因此在什么意义上可以说"一个人无意识地想喝水，但不想喝 H_2O"？我认为我们可以通过如下假设理解这一点，这个假设就是：这个人具有一个能够被意识所通达的心理状态。你可以通过提出如下问题而意识到它。你问："你想喝水吗？"他回答说："想。"你问："你想喝 H_2O 吗？"他回答说："不想。"因此我们就赋予了无意识的心理状态这个概念以一种清楚的意义，但原则上只是根据意识的可通达性赋予它以意义的。这个人可能基于很多原因——例如压抑、大脑损伤，或单纯的遗忘——无法意识到一种无意识的心理状态。但是，无意识的心理状态必须是原则上可以被意识所通达的**那类东西**，早期的认知科学家所设定的那些无意识状态是无法被意识所通达的。就当前的讨论而言，关键是，无法被意识所通达的一种无意识的心理状态的观念是不合法的，因为它无法说明一切意向性的侧显。

II. 对意识的怀疑

即使考虑到对于深度无意识的反驳，最近几十年来，仍然有人怀疑意识是理解人类行为和人类认知的一个真正层次。有一种怀疑认为，意识在人类行为和认知中只起一种非常次要的作用，而许多关键的知觉形式和自发的行动本质上都是无意识的，或者说，它们可以被意识所监控、引导，但它们的起始是无意识的。这个论证不是由计算机隐喻的思想（ideology）所驱动的，而是以坚实的实验结果为基础的。

下面我来考察一下这些实验结果的一些例子。

1. 盲视

第一个或许也是最有名的例子是最初由劳伦斯·威斯克兰茨（Lawrence Weiskrantz）提出的"盲视"（blindsight）概念[5]。威斯克兰茨最初发现了一个病人，他有一种形式的大脑损伤（在视觉区域1），这一损伤使他的一部分视觉区域完全失明。的确，对这个病人来说，那部分视觉区域并不存在。在左下象限，好像该区域在他脑后一样。并不是他在那里看到了黑色，而是那里什么都没有。威斯克兰茨发现了一件有趣的事情。如果你让一个病人的眼睛盯着他面前屏幕上的交叉线的中心，然后你在他看不到的左下象限快速闪现 X 或 O，确保闪现的时长足够短暂，以至于他无法移动眼睛对这种刺激做出反应，那么你就会发现他无法报告究竟发生了什么事情。你必须提示他，你问："你看到了什么？"他会回答说："我什么都没看见，如你所知，我有脑损伤。"（的确，这些病人往往会被这些问题激怒。）但是在提示之下，病人会说，"我好像看到那儿有一个 X"。或者，"我好像看到那儿有一个 O"。一周之后，威斯克兰茨的病人的正确率超过了 90％。很明显，在病人失明的那部分视野中接收到的信息有某种意向性形式。威斯克兰茨把这种现象叫作"盲视"。

由于一些原因，这对我们的研究很重要。一个原因是，这个实验清楚地表明，存在着一些并非有意识的意向知觉的形式。威斯克兰茨认为，最有趣的一方面是，它表明在视觉系统中不只有一条神经元路径，但并非所有的路径都是有意识的。至少其中一条是无意识的。

210　米尔纳（Milner）和古德尔（Goodale）的进一步研究[6] 支持了这一观点，即大脑中不只有一个视觉系统，而且并非所有的系统都是有意识的。

2. 准备电位

第二种无意识的信息处理形式最初由德国研究者戴克（Deecke）、科恩胡贝尔（Kornhuber）等[7] 于 20 世纪 70 年代末所发现，后来本·里贝特（Ben Libet）于 20 世纪末在旧金山重复了这一实验。他们的研究结果似乎表明，行动的发起是无意识的，也就是说，在行动者意识到他正在做什么之前，行动已经被发起了。

实验装置设置如下：受试者被指示去实施一些简单的动作，例如伸手去按按钮。然后，受试者被告知看一下计时器，并准确地记住，在哪一个时刻他决定按下按钮，在哪一个时间点上行动中意向开始了。研究表明，在辅助运动区域增加的活动与受试者对行动发起的觉知之间存在大约 350 毫秒的误差。戴克、科恩胡贝尔、里贝特等从这些数据中得出的结论是：受试者的大脑决定了，在受试者意识到他已经做出决定之前，它会按下按钮，这个"准备电位"（readiness potential）由辅助运动区域增加的活动所表明。接下来，受试者觉知到他要按下按钮，并且把这个觉知告诉研究者，但事实上，受试者的意

211　识只不过正在进行中。按按钮的决定已经由大脑以一种完全无意识的方式做出了。

整个实验模式和引发的讨论揭示了我们当前思想风尚（intellectual climate）的不足之处，在这种思想风尚中，意识通常被认为是不重要的。事实上，这些讨论不仅揭示了坏的哲学，而且揭示了坏的

实验设计。所有自以为是的人都说里贝特的实验拒斥了自由意志，并且表明，我们的行为事实上是被决定的。或许自由意志是假的，但里贝特的实验丝毫没有体现这一点。一项最新的研究[8]表明了一种可能性，即实验的结果是要求受试者盯着计时器的结果。或许正是计时器产生了准备电位。如果你做同样的实验，在其中受试者决定**不动**，同样的准备电位也会产生。

　　准备电位讨论的整个历史及从中推导出来的关于自由意志之可能性的惊人结论揭示了当今时代有关理智之不充分性的某些非常深刻的东西。许多自以为是的人从里贝特的实验中得出结论说，我们没有自由意志，自由意志已经被拒斥了[9]。但即使根据他们的主张，他们也并未对自由意志做出什么说明。他们只是表明，在受试者觉知到一个行动的发起之前，在辅助运动区域有一个增强的活动，它先于行动的发起。但事实证明，所有这些都是受试者在实施一个行动之前盯着计时器看的结果。对所有那些建立在对里贝特实验之误解基础上的坏哲学和坏的神经生物学做一番彻底的考察将是一件很有趣的事情。我一直坚持认为，即使从表面上看，它们也丝毫没有表明意志自由是不可能的[10]。 *212*

3. 反射

　　有许多趣闻轶事和被科学证实了的事例表明行动的发起先于意识的觉知。任何一个曾经接触过火炉的人都会注意到，在觉知到热之前，他就已经把手缩回来了。任何一个老练的滑雪者都知道，在他意识到身体移动之前，他的身体已经自动做出调整以适应地形的变化了。专业的运动员也提供了很好的例证。棒球击球手在面对以高于每小时90英里的速度飞向他的球时，他必须在意识到飞来的球之前就开始挥动他的手臂。如果他的身体等到完全意识到球了才行动，那么球早已到他身后了。网球运动员也给出了相似的例证，他们必须在意识到发球之前就开始挥拍。另一个有名的例子来自经验丰富的田径运动员，实际上他们在有意识地听到发令枪响之前就已经开始起跑了。

枪声以发起运动员的运动的方式刺激大脑，但听觉系统中实际的处理过程太慢以至于运动员无法在有意识地听到枪响之后再起跑。

在所有这些事例中，受试者都没有觉知到，在获得一个有意识的知觉之前，他们已经开始了身体运动。那么，我们怎么知道他们事实上已经开始了身体运动？答案显然是，我们知道大脑要花多长时间来213 处理一个正在来临的信号从而产生意识。大概是半秒钟那么长。但受过训练的身体不可能等那么久，因此它在有意识的知觉之前就开始运动了。

这类例子不过是表明意识没那么重要的研究的冰山一角。按照里贝特的概念，意识**监控**我们的行为但实际上并不发起它。行为的发起是无意识地进行的，有意识的心灵可以制止（veto）它，但不能发起或实施它。正如里贝特曾说过的那样，我们没有"自由意志"，但我们有"不去做的自由"（free won't）。意识可以制止一个可能已经发生的行动。

马克·詹纳罗德（Marc Jeannerod）的《运动认知》[11] 一书为如下这种观点提供了进一步的支持，即很多我们朴素地认为有意识的心理处理过程（mental processing）可以通过假定实际上实施了活动的无意识的心理过程而得到更好的解释。

大约在写作本书的时候，也即 21 世纪的第二个十年，人们认为，意识在人类行为中扮演了真正的但却非常次要的角色。我们的多数知觉信息都是无意识地获得的，我们的许多或者绝大多数行动都是被无意识地发起的。意识就像警察一样引导我们的行动，甚至也会制止某些行动，但人类认知和行为的真正驱动力是无意识的。我认为这种观点是完全错误的，也得不到实验证据的支持。下面我就来解释一下原因。

III. 意识重要吗？

我们要如何理解这些有趣的材料呢？它们表明意识不重要吗？在

你觉知到自己已经做出决定之前，大脑决定要做什么了吗？我们可以　*214*
下结论说你事实上并未有意识地看到很多东西吗？实际上，我认为它
们什么也没有表明，我要对它们逐一进行考察。

　　最有趣的例子是戴克、科恩胡贝尔、里贝特等关于准备电位的实
验。即使这个实验是完全有效的，其结果也不会表明自由意志不存
在。受试者已经决定要做某事——用我的话来说，他们已经形成了一
个在先意向——但这绝不意味着先于行动的情况无论如何都足以引起
行动。也就是说，没有证据表明这就可以拒斥意志自由，但是，当
然，整个实验装置是有缺陷的，理由在于，有两个变量：看计时器和
移动你的手。

　　显然，在我们的理智环境中，很多人倾向于认为自由意志不存
在，而且，意识并非那么重要。我不知道自由意志是否存在，但我相
信意识非常重要。不妨想象一下如果我是在无意识地写这本书那情况
会是什么样子吧。

　　有一些关于反射的例子。注意，只有经验丰富的棒球击球手和网
球运动员才能先于任何有意识的决定发起行动，我认为显然在这些例
子中有某种像是反射的东西在发挥作用。我是一个经验丰富的滑雪
者，我有一种在滑雪时很常见的体验，即，在我觉察到地形变化之
前，我的身体就会自动调整来适应地形的变化了。当我的滑雪板越过
凸起的地面时，我的膝盖会自动调整，在这一切已经发生之后，我才
觉知到地面的凸起和我对之做出的反应。反射概念远比流行文化赋予
它的含义更加复杂；不过，尽管如此，在这些例子中仍有类似反射的
东西在起作用。

　　重申一下，盲视的例子虽然很有趣，但它们是非常边缘的知觉情
况。没有人能仅仅利用盲视的资源开汽车、写一本书或者看一部　*215*
电影。

　　另一个常见的错误是认为，由于大多数我们实际上借以看到某物
的过程本身是无意识的神经生物学过程，因此有一些在大脑中进行的
产生视觉的无意识的心理过程。这是一个我之前就已指出的严重错

误。因此，例如，关于视觉的神经生物学研究表明，有大量从 V_1（视觉区域 1）向外侧膝状体核（LGN）的反馈。因此，先有一个从 LGN 到 V_1 的信号，然后再有大量从 V_1 向 LGN 的反馈。我要提出的观点是，尽管这些过程对于视觉体验的形成来说是本质性的，但是在这一层次上不存在任何心理学的实在。只有一系列神经元放电，而不存在任何心理实在。这些不是**无意识的（unconscious）心理过程**的例子，它们是**非意识的（non-conscious）神经生物学过程**的例子。当然存在大量非意识的神经生物学过程，以便我们可以采取任何理智的行为。但是，把这些过程看作一个无意识的心理实在——好像这个心理实在产生了像蛋糕上的糖霜一样的意识——之冰山一角就大错特错了。再次重复一下我已经提出的观点：某物要想成为一个无意识的心理现象，它就必须是某种能够有意识的东西，否则便不具有心理学的实在，不具有侧显形式，也不具有意向内容。这适用于我一直在引用的非意识的心理学过程。

这场讨论的结果就是，仅就目前我们对大脑运作和心灵运作的理解，在任何关于知觉和认知的讨论中，意识仍然具有绝对核心的重要性。的确存在一些浅层的、无意识的心理过程，而这些心理过程也常常非常重要，尤其在人的动机问题上。但是，并不存在任何深度无意识这样的东西。此外，有大量神经生物学的运算在知觉体验中进行，但这并不是心理实在的一个候选项，因为它是完全非意识的。例如，V_1 和 LGN 的反馈机制对于有意识的视觉体验之创造是非常关键的，但它们不具有任何心理学的实在。它们创造了心理学，但它们本身并不具有任何心理的地位；它们是非意识的，而非无意识的。

注释

［1］本章的论证主要建立在我在《心灵的再发现》一书中对无意识的解释上。Searle John. R. *The Rediscovery of the Mind*. Cambridge，MA：MIT Press，1992.

［2］Auden，W. H. "In Memory of Sigmund Freud." *Another*

Time. New York: Random House, 1940.

［3］Freud, S. "The Unconscious," in *The Standard Edition of the Complete Psychological Works of Sigmund Freud*, Volume XIV (1914—1916). London: Hogarth Press, 1956, 159-215.

［4］Marr, David. *Vision: A Computational Investigation into the Human Representation and Processing of Visual Information*. San Franscisco: W. H. Freeman and Company, 1982.

［5］Weiskrantz, Lawrence. *Blindsight: A Case Study Spanning 35 Years and New Developments*. Oxford: Oxford University Press, 2009.

［6］Milner, David, and Mel Goodale. *The Visual Brain in Action*. Oxford: Oxford University Press, 2006.

［7］Deecke, Luder, Berta Grözinger, and H. H. Kornhuber. "Voluntary Finger Movement in Man: Cerebral Potentials and Theory," in *Biological Cybernetics*, 1976.

［8］Trevena, Judy, and Jeff Miller. "Brain Preparation before a Voluntary Action: Evidence against Unconscious Movement Iinitiation," in *Consciousness and Cognition*, 2009.

［9］Koch, Christof. *Consciousness: Confessions of a Romantic Reductionist*. Cambridge, MA: MIT Press, 2012.

［10］Searle, John R. "Can Information Theory Explain Consciousness?" *The New York Review of Books* 10 (January 2013).

［11］Jeannerod, Marc. *Motor Cognition: What Actions Tell the Self*. Oxford: Oxford University Press, 2006.

第八章　经典知觉理论
怀疑论与经典知觉理论

　　我在本书的开头说过，自 17 世纪以来，知觉便成为西方哲学的核心论题。但我在本书中讨论的大多数问题并不是传统哲学家们在这个论题上的主要关切。他们的主要兴趣是认识论的：他们考察内在的知觉体验与外部世界之间的证明关系（evidentiary relation）。这项研究建立在如下假设之上：只有内在的知觉体验、观念或感觉予料才可以被直接知觉到。特别是，设若我们所能知觉的一切只是我们自己的感觉予料，那么我们如何能够获得关于外部世界的可靠的和确定的知识？我已经反驳了只有感觉予料才能被知觉的假设。相反，绝对不能被知觉的一样东西是我们内在的知觉体验、我们的感觉予料。一旦我揭示了坏论证，并且深入考察了坏论证在历史上对知觉论题产生的恶劣影响，那么我便可以讨论一系列在我看来远比传统问题更重要，甚至传统哲学家都无法提出的那些问题。换言之，一旦你已经接受了坏论证，一旦你认为知觉的对象始终是感觉予料的话，那么，我认为在

知觉哲学中很有意思的那些问题甚至就不可能被提出。析取主义者犯了与他们自己所反对的传统哲学家同样大的一个错误，因为通过接受坏论证的形式结构，并通过拒绝其第一个前提——这个前提说，在好

的情况与坏的情况之间、真实的情况与幻觉的情况之间，没有共同点——来寄望于避免坏论证的有害结果，这就使得他们无法提出有关知觉的那些真正有趣的问题——例如，原始的现象如何设定意向内容，如何设定满足条件。

本章我打算处理一些传统问题。任何一本普通的讨论知觉哲学的书都未能向读者完全说明知觉如何与怀疑论问题相关，它如何与传统的经典理论相关，例如表象理论、现象主义、观念论，等等。此外，某种程度上，原初性质与次级性质之间的区别也需要被处理，我将以对这个问题的简短讨论来对本质内容进行总结。

我必须在一开始就承认，我并没有像许多哲学家那样重视这些问题，这也是为什么我把它们放在本书末尾进行讨论的原因。我发现很难严肃地对待任何一种传统形式的怀疑论。而一旦你已经揭示了隐藏在坏论证背后的谬误，并且接受了一种对知觉意向性的解释——这种解释证明直接实在论是一门知觉哲学——的话，那么许多传统的争论便失去了意义。然而，出于完整性的考虑，我还要考察一下这些争论。

I. 怀疑论

我在本书中提出的知觉解释回答了怀疑论者对知觉知识之可能性的怀疑吗？哲学中的怀疑论论证通常（事实上我认为始终）具有相同的形式：无论你对一个主张有多少证据（根据、理由、担保、基础等），也无论你提出这个主张时的认识论基础有多完备，你总有可能会犯错。（最极端的怀疑论者休谟认为事实上你没有证据。）在证据和结论之间总是有一条鸿沟。所以，即使你认为你有证据证明太阳明天会从东方升起（归纳问题），或者他人是有意识的（他心问题），或者通过知觉你可以知道对象的存在（知觉问题），但是，在每一种情况下，虽然你可能有完备的证据，但你仍然会犯错。

219

需要指出的是，在确切地说明推定的（putative）认识论基础之本质时，有一个现实的问题。我所用的每一个词"证据""理由""担保""基础"等都可能会误导读者，因为每一个词都会使我们以某种特定的方式来看待事物。我确信这么认为是错的，即，当我看这张桌子的时候，我的视觉体验就是那里有一张桌子的"证据"。那么，什么是描述这一关系的正确方式呢？麦克道威尔用了"担保"这个表述，但由于这是一个法律的比喻，所以它仍然可能令人误解。我该如何正确地描述我之具有这一视觉体验和我知道这里有一张桌子之间的关系呢？我认为它是一种同一性的形式。这一视觉体验只是知道这里有一张桌子的情况。但这可能具有欺骗性，因为我可能具有一个完全与此类似的体验，但并不知道那里有一张桌子。在这两种情形下，现象学可能是完全一样的，其中一种是好的，而另一种则是坏的。这一事实导致了怀疑论。

假定这是怀疑论论证的一般形式，那么我在本书中给出的知觉解释回答了它对知觉的怀疑吗？好吧，在一种意义上它似乎回答了，因为它说，我们并不具有据以对周围的对象做出论断的证据基础。相

220 反，我们直接看见并且触摸到了周围的对象。我没有**证据**证明那里有一张书桌，我可以**看见**它。在这种情况下，看见它就是**知道**它。正如"我有证据"表明面前有一张桌子那样，我也"有证据"证明我有两条腿，我直接地体验到它们。一个大的错误就是认为看见提供了它并未提供的"证据"（根据、担保或基础），所有这些都是错的。看见是知道的一种方式。

所以，就几个世纪以来我们已经具有的一个怀疑论论证的版本而言，我们确实有一个对它的回答。怀疑论的论证说，你所能知觉的一切都是你自己的体验，所以，你如何知道在那些体验的另一侧有一个实在？就我在本书中提出的知觉解释而言，知觉关系是一种直接呈现的关系。我们没有证据，或者做出推论，我们直接看见了周围的对象和事态。因此，困扰经典哲学家们——笛卡尔、洛克、贝克莱、休谟、康德等——的关于知觉的怀疑论形式并不会对我所提出的解释造

成困扰。通常，他们在两种理论之间进行选择：一种是洛克和笛卡尔采取的表象理论，这种理论认为我们看不见对象，而只能看见对象之表象；另一种是贝克莱及其追随者所主张的现象主义或观念论，在那里，怀疑论的问题被消除了，因为在证据和结论之间没有区别，你所看见的感觉予料就是你所看见的对象，这是一个标准的观念论的论证。如果唯一的实在事实上就是证据的话，那么证据与实在之间的区别就被消除了。

我的回答对怀疑论来说是一个满意的回答吗？不，在一种意义上显然不是，因为它没有给我们提供任何可以区分如下这两种情况的方法，即，我们是否在一个实际的知觉处境中，或者我们是否正处于一个无法辨别的幻觉中。但是留给我们的怀疑论的形式具有不同的维度。它不是一个在原则上从不具有充分证据的问题，证据问题被全部消除了。我不需要任何**证据**来证明那里有一张桌子，我可以**看见**它。

我们或许可以拿这个对于有关物质对象之知觉的怀疑论的回答与维特根斯坦对有关他心之怀疑论的讨论进行比较。维特根斯坦指出，我们需要区分"标准"（criteria）和"症状"（symptoms）。如果我看到一个人正紧紧抓着他的身体的一侧（side），脸上呈现出轻微的抽搐，我可能**推断**他的身体的一侧疼。他正展现出疼的**症状**。但是，如果我看见一个人刚刚被车碾压过，而且我能看到他的腿被压在了车底下，他在痛苦地喊叫，那么我在这种情况下观察到的就不是疼的症状；而正如维特根斯坦所言，是一种我们**称作**一个人正"处于痛苦"中的情形。现在，这两种情况都有可能出错。就症状而言，可能这个人实际上并没有表现出疼痛；而就标准而言，可能整个事件只不过是一部好莱坞电影的一部分，他们只是在表演一个人处于痛苦中的情形。但是，在第二种情况下，看到所表演的是"一个人正处于痛苦中"很重要。也就是说，在这种情况下，正如维特根斯坦可能会指出的那样，由于把疼痛归属给某人的语言游戏是这样的，所以这是一种可以合法地把它**称作**疼痛的情况，因为标准被满足了。甚至在我们犯错的情况下，可以说，犯错的属性也建立在疼痛的本质上。

221

这并没有消除怀疑论者进行怀疑的可能性，但它能使我们从一个不同的角度去看待整个问题。关于他心问题的传统怀疑论者想让我们认为我们没有足够的证据，维特根斯坦则说，如果你清楚地区分了症状（例如证据）和标准，那么你就可以看到我们用"疼痛"这个词所玩的语言游戏恰恰可以让我们在认为是标准的情况下使用这个词，即使这个标准并没有任何自身担保。我们可能将"疼痛"这个词运用于认为是标准的情况下，但由于一些原因我们仍然可能会犯错，例如有行动在进行的时候。现在，我们把这一原则运用到看的情况，正如我们可能会说的那样，"这是一种我们称作'一个人正处于痛苦中'的情形"，因此，我们可能会说，"这是一种我们称作'看见面前的一张桌子'的情形"。当然我可能是错的，但这个错误的维度不同于缺少证据或证据不充分。所以关键是，假设维特根斯坦关于疼痛的例子是正确的，并且假定我关于对象知觉的例子也是正确的，但在这两种情况下仍有可能产生怀疑论者的怀疑。但是怀疑论者怀疑的维度不同于经典怀疑论者呈现给我们的维度。问题不在于缺少证据或证据不充分，而在于错误的维度完全不同。

II. 现象主义、观念论与知觉的表象理论

哲学家们和各种类型的哲学之间最根本的区别之一——或许最根本的区别——就在对哲学家把什么东西看作本体论的**坚实基础**（rock bottom）这一问题的回答中。也就是说，对于任何一个想要弄清楚他的哲学立场之含义的哲学家来说，都有对如下问题的一个回答："有一样东西，一切别的东西都必须依照它得到解释，而它本身则不必依照其他东西得到解释，这样东西是什么？"

就我在本书中给出的解释而言，显然，这个终极实在就是原子物理学家所描述的世界。这并不是因为我对自然科学的某个特定阶段持有任何特殊的观点；相反，我认为它们将继续改变和发展。但我的确

相信，作为过去三百年知识——也就是，我们错误地称作"科学研究"的东西——增长的结果，我们可以很好地得出结论说，已知的世界是由我们可以称作——虽然并不完全准确——"物理微粒"的东西所组成的。这些微粒存在于力场中，并且被组织成了一些系统，而这些系统的边界是由因果关系所设定的。这些系统的例子有：水分子、 *223* 婴儿、民族国家和银河系。

我必须承认暗物质和暗能量令我尴尬，但是我的尴尬不同于物理学家和宇宙学家的尴尬。当他们说"黑暗"时，他们不是在讨论颜色而是在讨论他们自己的无知。当我在前面说"已知世界"时，我在有意地排除暗物质和暗能量。我必须让物理学家弄明白这些现象的本质。但无论如何，从我给出的解释来看，显然，这一解释最终归结到我认为是实在的世界上，实在的世界以完全独立于观察者，并且在本体论上客观的方式存在。哲学的其中一个任务是解释这些高阶系统的构造，以及它们如何最终归结到原子物理学的东西上。

在过去三百年的哲学史上，本体论归结到物理学的观点并不总是占主导地位。确实，坏论证的影响如此长久，以至于形成了两种扩展形式，而这两种扩展形式都在主体性那里形成了最终的实在。其中一种形式是观念论的传统，这一传统认为终极实在是观念，也就是说，它是由技术上称作"观念"的精神现象所构成的。依照黑格尔，物理学不是最终极的。相反，它只是某种更根本的东西，也即精神之本体论的一个表层的表达。我认为这种观念论以不同的形式幸存于 20 世纪的现象学中，尤其是在海德格尔、胡塞尔和梅洛-庞蒂的著作中[1]。

观念论具有不同的形式。我非常理解贝克莱的观念论。在我们的哲学传统中，我们所有人，在某种意义上说，都受这种观念论的影 *224* 响。我不怎么理解黑格尔的观念论，所以无法对其具体内容做出合理的评判，但我认为，我完全可以在一般的意义上理解它，因而能够对其观念论基础提出反驳。也就是说，在我看来，黑格尔观念论的形式的特定细节相当模糊，但我认为，他对将物理学的微粒作为本体论基础这种观点的反驳在德国观念论中是非常清楚的。对此，我没有更多可说的了，因为正如我所说，我真的不理解它的细节。

坏论证的另一种扩展形式是经验主义传统的现象学分支，这一分支从表面上看似乎有一种完全不同的风格，但实际上在我看来犯了同样的错误。依照现象主义的经验论，例如逻辑实证主义，最终，一切都要落脚于证实，而经验的证实就在于对感觉予料的知觉。我认为实证主义者会否认在他们看来感觉予料是终极的本体论。相反，他们会坚持，他们接受原子物理学的终极本体论，但是他们也会坚持，澄清这些论断的**意义**是哲学家的任务。当你分析原子物理学的陈述或者任何经验的陈述之意义时，都必须落实到感觉予料上，否则就是无意义的。依照实证主义者的解释，一个陈述的意义就是其证实方法，经验的陈述由经验即感觉予料来证实。针对这些问题，稍后我会有更多论述。

讽刺的是，尽管观念论和现象主义这两个传统表面上如此不同而且在思想上彼此对立，但事实上都犯了同样的错误，这一错误在两种情况下都基于坏论证。

我自始至终都在提的同一个根本错误的另一个表达是知觉的表象理论。对表象理论的批判相对简单，所以让我们从这一批判开始。

III. 对知觉表象理论的反驳

依照表象理论，我们实际上从不直接知觉对象，毋宁说，我们知觉感觉予料，我们可以通过这些感觉予料获得关于对象的知识，因为在某些方面，这些感觉予料与引起它们的对象相似。表象源于某种相似性。因此，当我看见绿色的桌子时，桌子的形状和大小在我的体验中被表象，而桌子实际上有形状和大小。我的感觉予料与桌子本身之间的相似性使我从我的体验中获得了关于桌子的知识。

依照表象理论的标准版本——例如，在笛卡尔和洛克哲学中所发现的那样，并不是我的所有体验都与桌子的实际特征相似。颜色是我的体验的一个特征，而非桌子本身的特征。桌子本身是由无色的分子组成的。传统上，表象理论区分了原初性质，如大小、形状、速度、动作和数目，与次级性质，如颜色、味道、声音和气味。依照洛克，次级性质并不是对象真正的性质，而只不过是原初性质在我们心中造成特定体验的"能力"（powers）。因此，依照这种理论，例如各种颜色，都是一种系统的幻觉。对象并不是真的有颜色，而是因为我们的神经系统的结构使我们产生了颜色的幻觉。

对表象理论的关键反驳已经由贝克莱提了出来，因为他说，观念只能与其他观念相似。他在这一语境中的意思是，我们所具有的关于一个对象的知觉观念根本不可能与对象本身相似，因为对象是完全不可见的，而且也不可为感官所通达。我们所能知觉的观念根本不可能与对象的实际特征相似（或者看上去像，或者在视觉上相似），因为，根据定义，对象是不可能为我们的感官所通达的。就像我说，我的车库里有两辆看起来完全一样的汽车，除了其中一辆完全看不见。"看上去像"这个概念预设了二者都是可见的，而在表象理论看来，其中一个是不可见的。为什么这一点重要呢？因为表象的形式需要相似性。我们可以把观念看作对象的图像，但是如果被图像刻画的对象是不可见的，那么这种图像刻画关系就没有意义。我认为这是对表象理论的一个决定性反驳，而我从来都无法接受这种理论。

IV. 对现象主义的反驳

现象主义的传统如此之长，而且如此令人难以置信，以至于我很难理解如此多杰出的哲学家怎么能这么长时间以来都以之为真。现象主义的观点是，我们所能知觉的都只是感觉予料，可以说，感觉予料就是世界的全部：我们所知觉到的实际的感觉予料和我们可能知觉到的可能的感觉予料。因此，就这种解释而言，可以说，即使一个四合院里没有人在知觉，也有一棵树在那里存在，因为如果我们去过这个院子，我们就会知觉到相关的感觉予料。所以感觉予料不必是现实的，它们可以是可能的。在语言哲学的全盛期，这种观点以"形式模式"（formal mode）被提出，即一切关于物质对象的陈述和一切经验的陈述都可以被翻译为关于感觉予料的一个或一套陈述，而这些陈述既可以是定言的（我现在看见了如此这般的感觉予料），也可以是假言的（如果我实行了如此这般的操作，我就会知觉到如此这般的感觉予料）。

227　　对这种理论有许多反驳，但人们不知从何开始，而基本问题是它将公共的、本体论上客观的世界还原成了私人的、本体论上主观的现象。对知觉进行哲学分析的目的是要分析谈论对世界中的对象和事态的知觉有什么样的日常意义、科学意义。现象主义—观念论的分析具有这样的后果，即一切这样的谈论实际上都是关于本体论的主观性的谈论。但这意味着，如果研究计划是为了说明我们日常的思维方式和谈论方式，那么它失败了。好吧，说它失败了有什么错？说一切存在的东西实际上都是你心里的和他人心里的私人体验有什么错？答案在于，这导致了唯我论。现在证明，世界中唯一可以谈论的对我有意义的现象就是我自己的体验。如果你有体验，我永远都不知道，因为我永远都无法体验它们，的确，如果你存在，你就必须能够被还原为我的体验。（关于这个问题后文有更多论述。）

　　对现象主义有一些标准的教科书式的反驳。为了完整性的需要，我会在后文简要概述其中的一些标准反驳。然而，我必须说，就现象主义和表象理论而言，困扰我的并不是它们的一些技术问题，而是其纯粹的荒谬性。它们都持有这样的结论：你实际上从来都看不到世界中独立存在的对象和事态，毋宁说，你所能看见的一切都只不过是你自己的体验。这不是由于我们可能有的一些认识论的担忧——或许我们产生了幻觉、被恶魔所欺骗，或者我们是缸中之脑，等等——而是因为，即使一切都在正常进行，你所见的一切都是你自己的体验。严格说来，你甚至不能说你所见的东西在你的大脑中，因为，当然，大脑可以被还原为各种体验的集合。

在批评现象主义之前，有必要尝试着去揭示这种理论被接受的那种乐观主义。我已经基于如下理由反驳过现象主义，即现象主义的基础本体论最终归结到了本体论上主观的感觉予料上，而非原子物理学冷冰冰的物理实在上。这可能已经使实证主义者感到震惊，他们也会对此表示反对。他们认为实在最终归结到了物理学，但他们认为哲学家的任务就是解释这**意味**着什么。物理学的实在的意义必须用实证主义的词汇来陈述，因为在实证主义者看来，陈述的意义是由其证实的方法赋予的。你证实关于物理学的陈述的途径是知觉适当的感觉予料。因此并不是有两种相互竞争的本体论，即物理本体论和感觉予料本体论。要想获得意义，基础的物理本体论就需要分析为感觉予料。那么，我的反驳——这为我们提供了一种基础本体论，这种本体论像观念论一样，是纯粹心理的——怎么样呢？实证主义者可能会说，这里关于"基础本体论"的一切谈论都只不过是无意义的形而上学。他们的任务不是回答关于实在之终极本质的无意义问题，而是分析经验命题的意义。关于世界的真命题可以分为两种：经验的综合命题和逻辑的分析命题。一方面，我们有科学和大部分常识；另一方面，我们有逻辑、数学和重言式（恒真命题），除此之外都是无意义的。现在，在这两类命题中，经验的命题，也即科学和常识是有意义的，但它们的意义需要依照感觉予料进行哲学分析。现象主义者更喜欢以形式的方式提出这个观点：任何经验陈述都可以被分析为关于感觉予料的陈述之集合。它们在意义上是等价的。原则上，可能感觉予料陈述的集合必定是无限长的，但我们可以陈述各种各样的陈述赖以建立的那些理论原则，因此没有无意义的形而上学被遗留了下来。

现在，我该如何回答如此被解释的实证主义者？我认为你不能只是通过转换为语言学的或者形式的语言模式就可以避免接受主观主义本体论的指控。你必须问问你自己，以语言学的方式所形成的这些表述代表了什么？它是如何转换的？当你说任何经验陈述都可以被分析为关于感觉予料的一套陈述时，必定蕴涵着这样的结论：任何经验事实都相当于许多关于个人体验的本体论上主观的事实，这些个人体验始终必须在一些个体的思想中。我没有看到现象主义者如何能够避免其学说所隐含的唯我论指责。在我看来这就是对现象主义分析的决定性的反驳。实在世界的客观本体论被感觉予料的主观本体论所取代了。因为感觉予料在本体论上是主观的，所以它们始终在个体主体的心灵中。但这意味着，我无法通达你的感觉予料，你也无法通达我的感觉予料。如果一个陈述的意义就是它的证实方法，而证实的方法又把我的一切经验陈述还原为了我的体验，那么这些陈述的意义就是唯我论的。唯我论是任何理论的一种**归谬法**（*reductio ad absurdum*）。而这种理论暗含着唯我论。

对现象主义有一些技术性的反驳，我将讨论其中的两种。首先，如果你想规定条件假设陈述——这些陈述应当提供经验陈述之现象主义分析——的前件，那么你就会发现你将始终必须指涉物质对象；因此分析并不会成功地将关于物质对象的陈述还原为关于感觉予料的陈述。如果"四合院里有一棵树，但现在没有人看它"这个陈述的意义是由"如果我们进过这个四合院，那么我们就会看到树的感觉予料"这个陈述所赋予的，那么我们就有一个问题，因为要想设定假设的情况，我们就必须指涉物质对象。我们必须指涉我们的身体和四合院，

230 以及那些到目前为止还没有被分析的东西。第二个反驳是，似乎你并不能获得一个充分的分析，因为完全可以断定双重条件的一方而在不与你自己矛盾的情况下否定另一方。始终有可能说感觉予料在那里，但尽管如此，却没有对象；或者说，那里有一个对象，但尽管如此，没有感觉予料。一些现象主义者在解决这一困难时说，提供了现象主义分析的那些陈述的集合可能在数量上是无限的，但这并不能看作对它们的一个反驳，因为正如密尔所说，恰恰物质对象的观念可能就是可能的感官体验的一个无限集合的观念。

我不会过多地深入关于反驳的细节中去，因为，正如我之前说过的那样，真正的反驳并非一些技术上的困难。真正的反驳是，理论恰恰看上去对我们自己的体验是不充分的。关于我们的体验的一个事实

是，它们触及了世界中独立存在的对象和事态。此外，它们所触及的对象和事态处于一个公共地可通达的世界中：你和我可以看到完全相同的对象。这些主张都无法与现象主义传统相容。在现象主义者看来，我们所见的一切都是感觉予料，而感觉予料本质上是私人的。

如果你考察用公共语言交流的必要条件，你就会以一种显著的形式看到这些困难。就现象主义的观点而言，交流是如何可能的？我们如何能够对一个共同的世界说些什么？现象主义者认为，可以说，我们能够用来彼此交流、我们的科学真理得以被表达的公共语言是自然产生的（comes for free）。我们只能假定它，并且假定它如何与我们的经验的形而上学关联在一起。但是我想在这里指出，一种公共语言预设了一个公共世界，而在对一个公共世界的否定中，似乎现象主义者已经让我们失去了一门公共语言。现象主义者处理这一问题的方式有很多种。卡尔纳普曾说，严格来讲，我们的表达的**主观内容**是不可交流的，但我们可以对一个共同的**客观结构**进行交流。很难看出这种观点解决了上述困难。因此，我对所有这些基于坏论证的理论的反驳就在于，它们留给我们的是对我们与世界之关系的一个本质上无法相信的观念。

V. 经典理论与知觉的哲学问题

对经典知觉理论——建立在坏论证的结论之上的那些理论——最严肃的反驳之一就是，它们不仅没有给我们提供一个正确的知觉解释，而且甚至也无法提出关于知觉的最重要的问题。这个问题就是：知觉体验的具体特征是如何规定其满足条件的？现在，为什么那些经典理论未能做到这一点？表象理论认为，体验规定满足条件的方式是通过相似性。知觉体验与世界中的对象的相似性使得知觉体验能够表象对象。知觉体验是一种图像，是头脑中的一个观念，而这一图像或观念实际上与世界中的对象和事态相似。我们已经看到，依照定义，如果相似关系中的一个关系项是不可见的，那么所谓相似的观念也就没有意义。因此，表象理论未能充分地提出问题。现象主义甚至更糟。在现象主义中，除了体验的次序，对象那里什么都没有。正如贝克莱所说的那样，对象只不过是"观念的集合"。现象主义者认为，任何关于对象的陈述，也即任何经验陈述，都可以被翻译成一套关于感觉予料的陈述，而从本体论上来说，感觉予料是主观的。在感觉予料的另一侧没有对象，感觉予料是对对象进行分析的底线。但是所有这些理论都未能提出我所认为的核心问题：我们的体验之原始现象学如何设定了满足条件，以至于体验是对本体论上客观的世界中的对象和事态的呈现？

VI. 原初性质与次级性质

知觉理论中的一个传统区分是原初性质与次级性质的区分。在洛克哲学中有经典的陈述，尽管并非洛克最早做了这种区分。原初性质"无论在什么情况下都完全不能与物体分离"。他说："对象的这些原初性质本身具有在我们心中产生简单观念的能力，这些性质是坚硬、广延、形象、运动、静止和数目。"次级性质"事实上不是物体本身具有的东西，而是凭借它们的原初性质在我们内部产生各种感觉的那些能力"。他说，这些次级性质是"颜色、声音、味道等"。从认识论上来说，这种区分对洛克非常关键，因为原初性质的观念实际上就是相似性，他说：

> 物体的原初性质的观念是和原初性质相似的，它们的原型确实存在于物体之中，次级性质在我们心中产生的观念则根本不与次级性质相似。并没有什么与我们的观念相似的东西存在于物体本身之中。这些性质在我们用来称呼的物体里面只不过是一种在我们心中产生这种观念的能力；观念中的甜、蓝和温暖，只不过是我们称之为甜、蓝和温暖的物体本身里面的不可见部分的某种

232

大小、形相和运动而已。[2]

用我在第一章中引入的术语来说——依照洛克的解释，原初性质 233
是独立于观察者的，而次级性质是与观察者相关的。它们不同于我们
一直在讨论的与观察者相关的那些性质，因为它们并不依赖于主体的
任何活动；与金钱和政府不同，它们并不是由人类的意向性行为所创
造的。毋宁说，原初性质的结合对我们的感觉器官产生的影响赋予了
我们以次级性质的观念。

学术权威们并没有在一个标准的清单上达成一致，这应当使我们
感到些许的紧张，但构建一个合理的清单并不难。原初性质是形状、
质量、大小（洛克所谓的体积）、行动和数目。他所谓的运动，意思
是对象是否在运动；他所谓的数目，意思是有多少对象，一个还是两
个，等等。次级性质很容易列举。它们包括颜色、气味、声音和味
道。我认为他还应该把"质地"（texture）列为次级性质，所谓质地
就是对一个对象表面的感受。我认为质地是洛克意义上的次级性质，
但是他把它列为原初性质。

从本体论上来说，这是一个重要的区分，因为在一种意义上来看
次级性质不是真实的。可以说，它们是由原初性质所创造的系统的幻
觉。对象并不真的是红色的或蓝色的，但它们有一种分子的结合，这
种结合给我们造成了它们是红色的或蓝色的印象。所以红色或蓝色的
属性在认识论上是客观的，即使颜色本身是与观察者相关的。用洛克
的话来说，颜色实际上只不过是原初性质在我们身上产生我们称作颜
色体验的那些体验的"能力"。

近年来，越来越多的人反对在原初性质与次级性质之间做出区
分，但我认为这里有一些问题，我想指出来。如果你看一下原初性质
与次级性质的清单，你会注意到许多事情。首先，每一种次级性质都
只来自一种感觉。颜色来自视觉，声音来自听觉，气味来自嗅觉，味 234
道来自味觉。原初性质可以为两种感觉所通达，而且始终是两种：视
觉和触觉。对于传统的五种感觉中的每一种而言，除了触觉之外，有
且只有一种次级性质。这也就是我为什么认为质地应该被列为次级性

质的原因，尽管洛克并没有这么做。为什么可被两种感觉所通达这一点很重要？理由在于，有这些原初性质是物质对象之概念的一部分，而我们对物质对象的基本处理基于视觉与触觉的结合。当洛克说无论对象处于何种状态，原初性质都不可与之分离时，他正是抓住了物质对象的概念。物质对象——一把椅子、一张桌子、一座山或一颗行星——应当具有原初性质，这是其概念所规定的，但它应当具有一种特定的气味或应当发出一种特定的声音却并非一个对象的概念所规定的。你可能认为颜色会有所不同，因为所有的物质对象都是有颜色的。但甚至颜色也不是一个物质对象之定义的应有之义。即使完全的透明可能是做不到的，但你仍然可能有一个没有颜色的对象，因为它是完全透明的。因此，这样的区分有一些基本特征能够经得起批判。一个是洛克的观点，原初性质对一个对象的概念来说似乎是本质性的。另一个是，原初性质始终可以被两种感觉所通达：视觉和触觉。

但是，与原初性质的观察者独立性相对的次级性质的观察者相关性是怎样的呢？如果我关于世界的特征如何规定意向内容的解释是正确的，那么这个区分就不像我们所认为的那样明晰，因为尽管红色部分地被定义为引起某种特定体验的能力，是直的或圆的也部分地被定义为引起一种特定体验的能力。在颜色与特定的波长之间形成一种一对一关系的梦想注定会失败。适当的波长**足以**产生红色的体验，但它们并不显得是**必然的**。所有适当条件下的各种波长都能引起红色的体验。但即使在基本的知觉特征中允许观察者独立性的元素，在原初性质与次级性质之间仍然有一种对比。有人可能会这么说，对象的基本几何结构本质上介入（figure in）了它与其他对象的因果关系，而除非通过原初性质，否则次级性质并不介入与其他对象的因果关系。这块石头有这种形状的事实影响了它与其他对象的因果关系。它在某些地方是适合的，而在其他地方则不适合。这块石头是红色的事实并不以那种方式介入与其他对象的因果关系。人们可以通过提出如下主张来对此进行反驳，即，它确实介入了因果关系：它是红色的这一事实使它能够吸收更少的光。但是，针对这一反驳，我们也可以以洛克的方式说，纯粹物理的反射属性完全可以依照原初性质来定义。颜色的实际性质并不重要，重要的是对象吸收和反射光波的方式。

我的略显犹豫的结论是：原初性质与次级性质的区分是有意义的，但完全不是洛克所设想的那样。

注释

[1] Searle，John R. "The Phenomenological Illusion," in *Philosophy in a New Century*：*Selected Essays*. Cambridge：Cambridge University Press，2008.

[2] Locke，John. *An Essay Concerning Human Understanding*. London：Routledge，1894. Book II，chapter 8，87.

人名索引 [*]

---

[*] 索引中所标页码均为英文原著页码，同中译本页边码。

主题索引

译后记

　　2013 年 5 月，当我计划去国外访学时，曾与塞尔有过书信往来。由于本人的现象学研究背景，当时很希望在塞尔的指导下，深入学习和了解心灵哲学，特别是他本人的相关思想，以便从"外部"来审视和检讨胡塞尔的意识哲学，丰富和深化自己对意识、意向性、知觉等问题的研究。我给塞尔写信，表明了这一想法，没想到很快得到回应，他热情地邀请我去伯克利，并给我发了邀请函。遗憾的是，后来由于其他原因，我放弃了美国之行，选择去了德国科隆大学胡塞尔档案馆。当然，我也给塞尔写信做了解释，他亦表示理解。

　　出于对意识哲学的兴趣，我一直对塞尔的研究保持关注。2015年 3 月，当我看到本书出版之后，十分欣喜，暗自决定将它翻译出来，向汉语学界介绍塞尔的"最新"研究成果。2015 年 9 月，我访学结束回国以后，随即向张志伟老师征询意见，他表示支持，并热情地向中国人民大学出版社学术出版中心的杨宗元主任推荐了这一翻译计划。我此前因为译事已与杨老师相识，杨老师宽厚严谨，不吝支持青年学者。在跟杨老师沟通之后，出版社很快就同意立项。2016 年夏天，我即开始着手翻译此书。不过由于教学科研任务繁重，俗事缠身，翻译的进程时常被打断，进展缓慢。所幸，在杨老师的一再宽限、督促和鼓励下，终于在这个病毒肆虐、人心惶惶的春天完稿了。本书初稿完成后，我就一些疑难问题求教于韩东晖教授和江怡教授，并与好友余洋博士和王鸿赫博士进行了讨论，他们都耐心地给予解答，并为译文的完善提出了很多宝贵的建议。在本书出版过程中，策划编辑张杰先生和责任编辑符爱霞女士也付出了诸多辛劳。在此，我谨向张志伟教授、韩东晖教授、江怡教授、余洋博士、王鸿赫博士、杨宗元女士、张杰先生和符爱霞女士表示最诚挚的感谢！

此外，译者也曾就本书中的一些内容和术语请教过吴琼教授，以及我的同事崔玉珍副教授和徐文贵博士，在此表示衷心感谢！

2016年秋季学期，我给外国哲学和美学专业的研究生讲授"专业外语"，带学生系统研读了本书。为锻炼他们的阅读、理解和翻译能力，我让他们预先翻译了部分章节，然后在课堂上进行报告和讨论，取得了良好效果。在此也向参与课程的各位同学表示感谢，他们是：张光玉、刘凤怡、王欣茹、张世欢、许万承、纪婉嬿、程培沛、代玥、秦玉杰、潘旺旺、张园。

在本书翻译过程中，我的女儿来到了这个世界上，她聪明可爱，给我带来了许多欢乐。我的爱人赵容女士和岳父岳母对我的工作给予了最大可能的理解和支持，他们照料孩子，承担了几乎全部的家务，使我得以"挤出"时间来专心翻译，在此也表示衷心感谢！

本书的翻译和出版得到国家社科基金项目"现象学与分析哲学比较研究"（17BZX085）、中国政法大学钱端升学者项目、中国政法大学青年教师学术创新团队（19CXTD06）的资助，在此表示感谢！

译者

2020年4月1日

图书在版编目(CIP)数据

观物如实：一种知觉理论 / （美）约翰·R. 塞尔
(John R. Searle) 著；张浩军译. --北京：中国人民
大学出版社，2021.3
（当代世界学术名著）
书名原文：SEEING THINGS AS THEY ARE：A Theory
of Perception
ISBN 978-7-300-28963-2

Ⅰ.①观… Ⅱ.①约…②张… Ⅲ.①知觉-研究
Ⅳ.①B842.2

中国版本图书馆 CIP 数据核字（2021）第 032206 号

当代世界学术名著
观物如实：一种知觉理论
〔美〕约翰·R. 塞尔（John R. Searle） 著
张浩军 译
Guan Wu Ru Shi：Yizhong Zhijue Lilun

出版发行	中国人民大学出版社				
社　　址	北京中关村大街 31 号		邮政编码	100080	
电　　话	010 - 62511242（总编室）		010 - 62511770（质管部）		
	010 - 82501766（邮购部）		010 - 62514148（门市部）		
	010 - 62515195（发行公司）		010 - 62515275（盗版举报）		
网　　址	http://www.crup.com.cn				
经　　销	新华书店				
印　　刷	北京捷迅佳彩印刷有限公司				
开　　本	720 mm×1000 mm　1/16		版　　次	2021 年 3 月第 1 版	
印　　张	15.25 插页 4		印　　次	2024 年 3 月第 2 次印刷	
字　　数	204 000		定　　价	58.00 元